在家CEO！
賺進後半輩子從家開始

30、40、50世代，找出陪自己到老的工作與收入

林黛羚——著

原點

從家開始！後半輩子賺錢也賺美好生活

給35~55歲的你，準備者=生存者

台灣人的平均壽命即將邁向八十五歲，而正規的上班工作頂多讓我們做到五十五到六十五歲，剩餘的歲月，要怎麼辦？要怎麼賺進你的後半輩子？要怎麼賺取你的收入、成就感與自我實現？

越接近人生下半場，越要有所體悟，人生不是只有體制內這項選擇，同時也要有成為獨行俠的能力，生命的上半場學會了與他人合作，生命的下半場，還要能單打獨鬥！

我認為，不論是在職場還是獨立工作，若能嗅聞市場、有危機感，懂得臨機應變、兼顧理想與市場而調整戰略，而不是緊抱著即將被殲滅的舒適區，若能有隨時成為獨行俠的體悟與準備，存活率會大很多。

在工作職場這塊，我應該勉強可算初級戰士，十年前在平面媒體業還算穩定時，就離開組織，開始走自己的路。一開始成功來得太輕易，中間我也迷失過、誤判自己的能力與想要。很慶幸後來再度走回有感覺的路，現在很清楚自己的定位與使命。

每個人終究要靠自己，這是不變的真理。培養照顧自己的能力，接著再培養照顧其他人的能力，才是我們應該做的準備。我們沒辦法平凡，都得闖出自己的一條或多條求生路徑，這樣的人生既安全又好玩。

人生職志＋預先規畫＝賺進後半輩子

賺進後半輩子，要賺的不只是賺進錢，也要賺進好生活，重點在於，做你喜歡的工作，把它當成你人生的職志。但有兩件事是關鍵：

一、別從零開始！實力、歷練、現有資源缺一不可

每個人在自身的工作或興趣領域都深耕多年，大致上會知道自己喜歡什麼、對什麼樣的事情有成就感。如果有人說自己夢想當服裝設計師，但卻連一張設計圖都沒畫過，就想要馬上離職創業，這絕對是一頭熱的玩票性質。

不建議從零開始，也不建議募資或找股東。在創業之前，需早已具備實力、歷練與資源。只有你自己最清楚、只有你自己能夠掌握創業節奏。募資、找合夥人，光是開會就會消磨掉你的心智與初衷。

二、請一腳踩在夢想、一腳踩在現實

有時候，人們會不小心放大、神聖化經營理念，雖說以擅

長的形式幫助他人，是每個人的終身職志與夢想之一，但自身的成長與生存，更是第一順序。逐步踏實的建構未來職志，實際羅列計畫、財務評估，分階段達成營收，並管理保護私有生活，才是永續生存的第一步。而這些務實的思考面，在本書第一單元已提出了具體規畫與策略。

對自己誠實、不要離地、不要神話自己的願景（只有神棍及假道學才這樣做），隨時秤秤自己幾兩重，挑戰超過能力範圍一點（但不要太多）的任務，但不誇海口答應做不到的事。唯有你持續成長、也才能持續幫助他人。

在這本書中，採訪了近30位輕中年、中壯年的在家CEO。他們機動性強、對市場能守能攻、有開放彈性的心。他們**事業規模不求大、但求簡單獨特**。他們**有野心但也懂得守住領土邊界**。他們善於轉化人格魅力於產品上，讓客戶對他們產生直覺偏好。讓客戶買的不只是產品、也購買其人格特質。

又住又賺，家空間幫你省成本生收入

然而，在這單打獨鬥的過程中、在這種種的挑戰之下，有一個關鍵會是你的最佳支持力！那就是每個人原有的，家空間！

這些人共同之處就是以家為起點，無論是自宅，或是租屋，透過空間的重整規畫，開展不同的產業。善用空間的樓中樓，樓下做為寵物療癒工作室，樓上則是私人空間；重整頂樓、加上外梯，就是一個獨立進出的瑜伽教室；利用單層住宅，前後陽台與四個窗台規畫出居家植物園，在家就能開設綠植課程！或是即便只有10坪、14坪的住家空間，也能同時經營攝影課、茶道教學等種種型態……

書中，將告訴你如何又住又賺，省卻了一筆創業花費，只需小幅調整空間、動線、收納，以及明確的公私生活區分，就可開張！因為有了這層支持，讓人可以更**放心地去貪心**，貪心於後半輩子，可以同時賺取收入、職志、成就感，以及自我實現。

我希望看完本書的你，也能夠開始和我們一起思考規畫，能夠有勇氣踏出第一步，穩紮穩打的第一步！祝福你！信心滿滿地。

CONTENTS

Ch2 在家CEO，起跑！賺進後半輩子從家開始

Ch1

賺進後半輩子，一開始就做對！

Part 01

第二人生轉場，怎麼開始，怎麼想？

人生轉場，大約落在 35~50 歲。雖然工作穩定，但每個人內心各有各的打算。有人是對職場感到倦怠、有人是因年紀而感到職場的不友善、更多人是渴望要一圓人生的志業。

在這個詭譎多變的年代，輕中年的你，若萌生想要轉場的念頭，務必先鋪陳好再說，不要一時低潮或衝動，就辭去穩定工作。

那麼，要如何預先準備呢？要如何檢視自己是否有「離巢」的能力呢？首先，得透過漸進式的轉場策略，逐步行動。

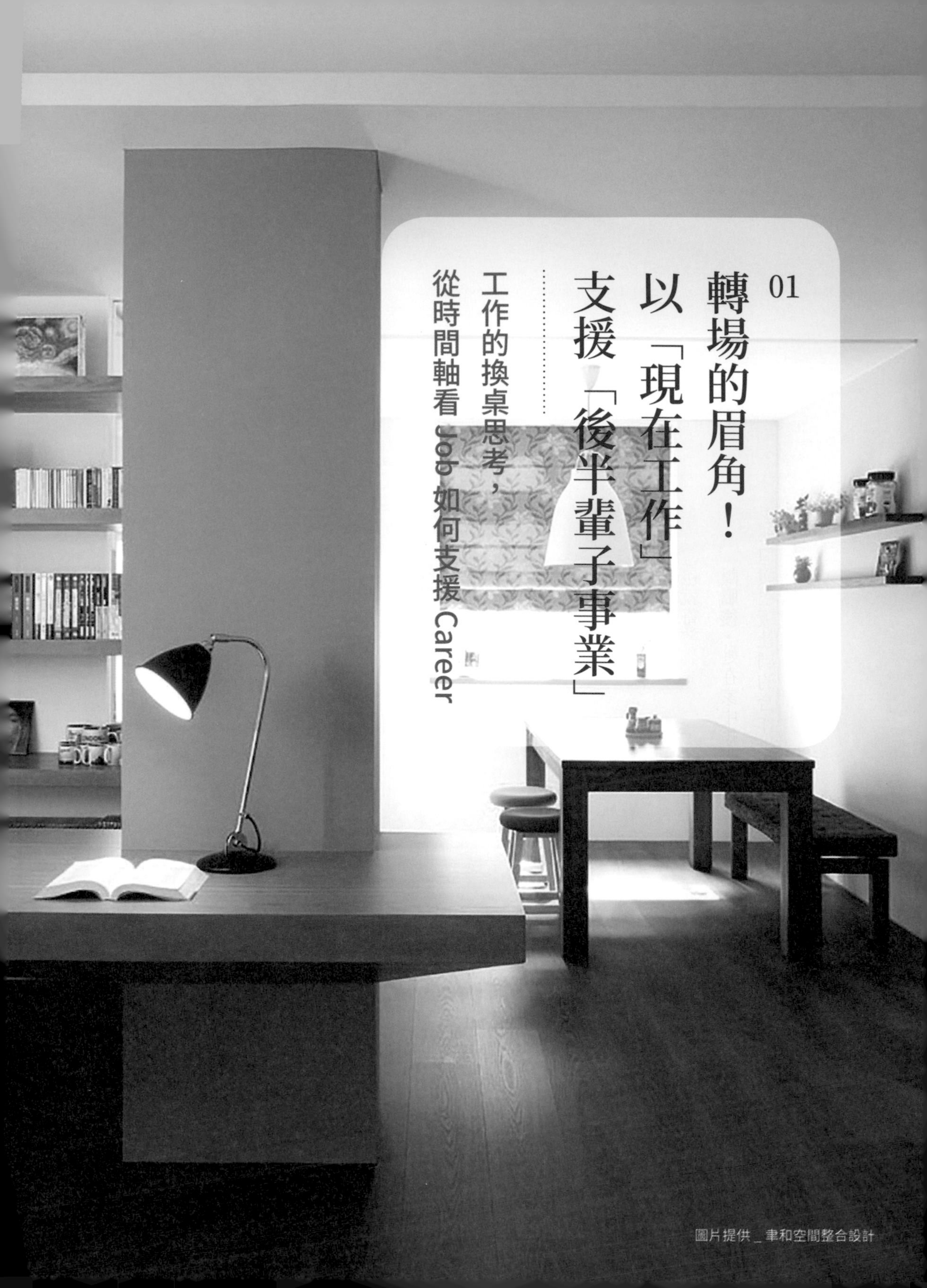

01 轉場的眉角！以「現在工作」支援「後半輩子事業」

工作的換桌思考，從時間軸看 Job 如何支援 Career

圖片提供 _ 聿和空間整合設計

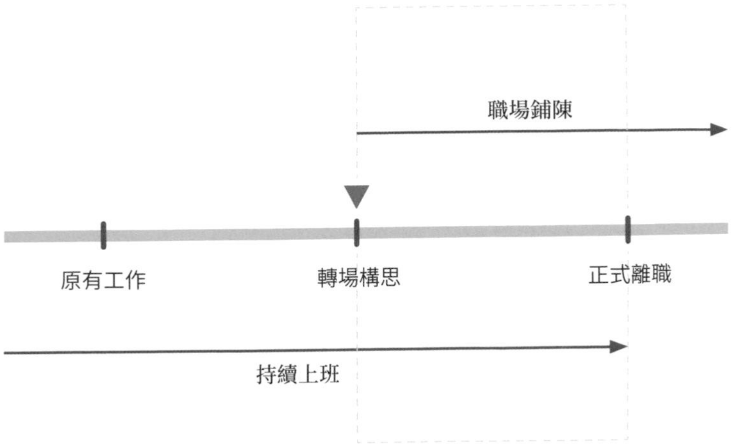

透過這張時間軸，我們可以清楚看出人生轉場的獨特性。剛出社會時，我們不必靠人脈或經驗就可被錄取、還有穩定的薪水可領，開始了我們的工作（job），但人生轉場、創造我們的事業（career）可就不同了，它不是等離職才從零開始，它通常在你還在工作時就慢慢構思成形，通常經過兩、三年的醞釀，才得以成氣候。

醞釀10年編織夢，一轉身就找到獲利模式

蘇菲是我的前同事，她極度熱愛編織，十年前她還是叢書編輯，就可以看到她常購買編織主題的書籍。由於要兼顧到家庭經濟還有孩子教育經費，她始終把自己的夢想擺一邊，戰戰兢兢的在出版社上班。但她並沒有放棄自己的熱愛，上班這段期間，她也報名不少編織課，甚至自行找尋編織素材，運用不同材質，編了幾種手提袋放在自己的臉書上。

應朋友要求，蘇菲也開始接受朋友的訂作委託，自己設計的幾款包包就寄放在朋友們開設的店面，意外獲得好評。

離職後，她在家中規劃出工作的專屬角落，穩定的接收客戶訂製。但與出版社們的合作也沒斷，變成專案接書，把三分之一的時間用在自己喜愛的編織、三分之一的時間繼續接原有職場的專案、三分之一的時間與家人相處。

2

2

然而，在競爭激烈的編織領域，若光靠客訂或自行編織產品難以存活，於是她成立「蘇菲編物所」，每個月在全台各地舉辦三到四堂編織小班課程，單次學費控制在兩千元以內（包含場地、基本材料等），另也提供鉤針及線材代購。由於每次的主題不同，有時是帽子、有時是提袋，

1 離職後，蘇菲在家中規畫出工作的專屬角落，製作編織產品，除了接受客訂，也在各地手作空間授課。場地提供 _ 小時光 workshop 圖片提供 _ 蘇菲編物所
2 蘇菲成立了「蘇菲編物所」，目前每個月規畫三到四堂編織小班課程。場地提供 _ 小院子的日常 圖片提供 _ 蘇菲編物所

故學員可以持續回來上課，選擇自己想要手作的主題。透過教學，不但讓蘇菲可以有穩定的收入來源，也讓許多學生與她奠定長久的友誼，這是之前在上班時難以獲得的成就感。

請長假創業，既留後路也勇往直前

一位熱愛美甲的朋友曾跟我分享她的美甲師的奇幻旅程。在新竹有位曾於台積電及科技大廠領有百萬年薪的軟體工程師，在十多年前金融海嘯時，看到園區內許多公司紛紛放起了無薪假，深感自己除寫軟體外好像沒有第二專長。喜歡打扮美美的她決定去考美甲師證照接案。為了增加美甲功力，她透過網路徵求練習對象（只收材料費），考取證照後開始於下班後兼職收費，她優秀的配色與設計，很快吸引許多穩定客源。

她想辦法請長假、開始了全天型經營，直到白天也有了穩定客源後、才正式跟公司遞辭呈。從5坪大工作室起步，陸續考取日本及荷蘭各大認證檢定、到現在與夥伴共同成立創業全科班及美甲證照學院（露比亞緹 RubyArt），成為目前新竹數一數二的高階講師。

整個過程中，可以看出她很有事業心、勇往直前的衝刺取得她的夢想，但也可以看出她步步為營，在腳步還沒踩穩之前、沒有貿然辭職。

上述兩例證實，**人生轉職不但需要勇氣，也需要事前鋪陳**。

02 市場＋能力＋想要，這工作才能陪你走到老

產生心流的工作，就是你的終身職志

圖片提供_聿和空間整合設計

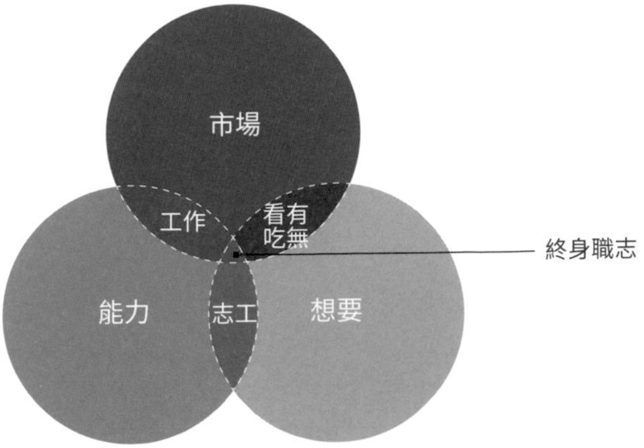

當轉場的念頭萌生，未來的各種可能性就開始啟動，[illegible]人心夢想會以過度美好的畫面遮住理性之眼。許多人的疑問常常是，第一步究竟要從何思考起？

培琳和我的緣份，始於某次我受邀參加她在工業技術研究院主辦的「未來命題工作坊」活動。她把未來命題分成「延長高齡工作」、「高齡在地養老」及「降低無效醫療」這三個面向。我被分在「高齡在地養老」組，從社區、住家及都市交通等方面來討論在地養老結合AI的可能性。

後來，我在竹北或者書店主持〈重新定義退休、老年與生活〉的系列講座中，邀請培琳分享「找出終身職志」的方法。她精簡了史丹佛大學設計學程的生命設計（Life Design）、整合出三個重點，因為太實用了，我決定另外約她進行專訪。

那天，我們約在培琳工研院的辦公室。我看著她畫出三個圈圈，這三個圈圈在中心點有交集……

「這個，就是你的終生職志。」她指著三圈交集區說。

「就這麼簡單？」

「是的，看似簡單，但你要抽絲剝繭，可就要花點心思了！」

這三個圈圈分別是「市場」、「能力」及「想要」，其中「市場」是能讓我們有持續收入的關鍵，卻也是最常被忽略。不論是培養或打造終身職志，這三者缺一即無法成就你的終身職志，所以務必先搞清楚。

能力＋想要＝志工

「有能力勝任、做的也是想要做的事情，卻沒有市場性，就難有穩定的收益。那要怎麼分辨有沒有市場性呢？就看有沒有人願意支付費用給這份能力。」培琳說。

多年前，我曾花半年時間、經過三個面試，考取了某自殺防治團體的志工資格。進入實習階段後，發現許多來電者只是想免費聊天，或者永遠在同一個情緒裡打轉、完全沒想解決問題的意思。

不到兩個月，我很快了解到，所謂的志工，做的是自己想要且有能力的事，但不一定符合效益、也無法有效幫到真正需要幫助的人、且不會有人給予志工相對應的薪水。除非沒有收入壓力，不然很難繼續待下去。

想要＋市場＝看有吃無

有夢想也有市場，但是沒有能力（天份），這是什麼樣的窘境呢？只能兩手一攤、摸摸鼻子走人吧！籃球之神麥可喬丹曾經離開籃壇、想一圓父親生前的棒球之夢。三十歲的他加入了當時芝加哥白襪的伯明罕男爵隊，擔任外野手。

喬丹**想要**打棒球、棒球本身也是有**市場**的熱門運動項目，就算每天魔鬼訓練，即便喬丹換了一個舞台又是另一回事。在短暫的一年棒球生涯中，他的打擊率僅 0.202，在球隊中面臨隨時被資遣的命運，最後，他摸摸鼻子回歸ＮＢＡ，並在退休前率領公牛隊又拿下三座總冠軍。

陳培琳　30+

現任工研院設計創新與加值（Dechnology）未來需求設計部經理。Dechnology 結合設計美學（Design）與 創新科技（Technology），達成設計美學加值創新科技。 旨在推動政府或民間科技設計加值辦理相關活動，達成跨界交融、合作研發、設計加值，以及創新應用等任務。

信箱：mia-chen@itri.org.tw
網址：www.dechnology.com.tw

市場＋能力＝工作

有能力、有市場，但不一定有熱情，這正是工作，不是嗎？有薪水領，加上做起來也算順手，而日復一日做下去，提起工作，總說那不是自己「真正想要的」。

但是，「真正想要的」這句話有 bug，**大多數的人，其實並不清楚自己要什麼、只知道自己不要什麼**，而這也是面對人生下半場轉換工作型態，最關鍵的問題，也是首先要去找到的答案。

市場＋能力＋想要＝終生職志

尋找轉換跑道的契機，可以從原先的工作和私領域的愛好，這兩個面向開始檢視。

從工作轉為終生職志是最容易的。因它已具備市場、又有能力勝任，**只要添加「想要」的誘因進去**，它就有機會改頭換面、成為你的終身職志。

例如一位游泳池救生員，因擅長且喜愛游泳、又希望能盡一己之力救人而考取救生員執照，進而擔任全職救生員。但私人泳池本身深度僅約 140 公分，也有許多安全設施，基本上他只需要監看狀況、負責水質檢測、泳池環境清潔等，幾年做下來頗感無力。後來他發展了自己的游泳教學 YouTube 頻道，示範正確的游泳姿勢、以及基本的救生知識，累積不少訂閱，陸續有泳客專程前來諮詢調整泳姿，他不但有了另一筆教學收入、也重拾對游泳的熱情。

像這個例子，就是在空間或時間上添加「想要」的誘因。一旦加了「想要」，**你不必棄業，反而是讓工作得到了重生再造**。

怎麼知道自己「想要」？「心流」狀態是關鍵

只是，在這三個元素中，能力與市場，皆能透過數據與表現來判斷其價值。但往往一談起「想要」就麻煩了，是三者間最讓人難以確認的一件事。一開始充滿熱情去打拼，但過了熱戀期就慢慢降溫。然後又突然發現這不是自己要的，於是再去尋覓下一個想要。

培琳提到心理學家研究，所謂的「想要」是結合了長期而穩定的興趣與專注，當在做想要的事情時，會進入心流（flow）狀態。是一種極度專注在某種活動上的感覺，心流產生時，同時會有高度的興奮及充實感。它的條件是需同時具備技術與挑戰性，但若太難以達成又會產生焦慮，可達成但稍難的目的性事物，就愈容易產生心流。「**當你做某件事會進入 flow 時，它就有可能是你的想要。**」

仔細回想，每當我寫想寫的議題時，不需聽音樂也不需喝水，直到最後一個字為止。之後，才會驚覺自己肚子好餓、口好渴。這也許就是「心流」狀態吧！

怎麼找市場？活用社群、享樂玩耍找需求

至於市場，則可分為現有及未來。現有市場目標明確（例如經營手工沖泡咖啡店），但競爭者

眾，你需要更精進或更獨特才能生意比別人好。未來市場處於混沌狀態，不過好處就是可以去創造它、創造需求。

產業分析，使用SWOT、OKR工作法等，都是找出市場的方法。但透過吃喝玩樂、享受生活，更能激發出充滿創意的火花。

培琳舉例一位軟體工程師友人，原本只寫公司派給他的專案的軟體程式，把寫程式當成一份工作在做。後來去上了品酒課、參加品酒會，與酒友們到專賣店選酒，遇到了買酒就要上網查詢的困擾，他靈機一動，決定寫一款「紅酒標掃描」APP，日後只要用相機掃描紅酒標，就可以列出紅酒的產地、口感、價位，使用者可以參考別人的評價、自己也可以給予新評價。

UPARK優泊創辦人黃世偉，他發現台北市車位永遠都不夠的剛性需求，於是開始洽談私宅或中小企業出租門口車位。例如，上午私宅主人上班到下班這段時間，車位是空出的，就可以提供給白天要來附近上班的人承租。這樣的想法也幫台北市稍微緩解停車位不夠的問題，因此獲得經濟部補助，今年已朝一萬個車位邁進。

「找市場最怕的就是人云亦云。一定要有研究者的精神，不要陷在同溫層、或單一觀點就想闖天下。」培琳強調。

聽她這麼說，我聯想到蛋塔、娃娃機，還有前陣子流行下鄉當小農。培琳補充：「當我們在收集資料時，最好也要評估市場來源是否中立、筆者或研究單位的背景是否有特定立場支持。在蒐集各種面向之後，提出自己的見解，才能找到真正的市場！」

03

關鍵40！讓大家看見你，從玩開始

累積信任與認同，遞增你的社會資產

圖片提供＿畢和空間整合設計

後半輩子的工作轉場從何時開始？有些朋友很早就開始在思考後路，是屬於「主動出擊」的一群人，但更多的是覺察到危機才開始盤算。若一時不知從何開始，網路不失為累積信任度的最快方法。

我印象較深刻的知識型YouTuber（網路創作人）有三位，一位是M觀點的Miula、一位是英雄說書的阿睿、再來就是老查了。前兩位我約訪時，阿睿說他跟Miula同家公司，我就已經有點訝異。後來聯繫老查，發現他竟然也是！是太巧合呢、還是我欣賞的YouTuber模式都很近似？

老查不但有豐富的職場經驗，提供職涯諮詢，同時，他自己就是中年轉場的最佳例子，對於熟年議題也持續關注中。

這對許多即將邁入熟世代的知識型人來說，可以說是個好兆頭。大家想想看，現在網路上當紅的網路創作人年紀都很輕，相對競爭較為激烈，目前網路上比較缺的是中年YouTuber，的確可以儘早卡位，透過自身的長項，共同關注話題，吸引屬於自己的族群！

40歲開始，累積可以辨識你的社群

那天我跟老查相約在他的Co-working辦公室，我把採訪分為兩個部分，一個就是以他四十世代的年齡看終身職志這件事、一個則是他經營出租大叔的心得，後者會放在第二章節的案例部分。

老查提到，台灣人的平均壽命為八十點四歲，四十歲是中間值，在此之前我們學習（接受教育）與工作，假設你是二十二歲畢業，到四十歲前頂多工作十八年。但四十歲到八十歲，這段將近四十年的時間，至少會有三十年以上的時間仍可以經營工作或事業。

他說：「在人類壽命越來越長的此際，工作與事業的時間也較過往來得長，選擇卻更少。」耗體力、需要勞動的服務業工作熟齡者不適合，因此要想得更長遠及全面才是。」

老查提到的概念，跟規畫後半輩子的家很像，關鍵都在四十歲：「四十歲開始準備、五十歲後才能較有餘裕。」

然而，很多人並不知道自己要什麼，該怎麼辦呢？我認識許多竹科工程師，他們這輩子都在半導體公司上班，下班或假日就做些很休閒的活動，例如露營、玩空拍機、打電動。對於將來，他們雖然有些擔憂，但也不知如何選擇……。

針對這樣的族群，老查認為並不需要太過擔心：「可透過社群媒體發佈作品，甚至經營自己的頻道，自然就可以產生需求。」

我有遇過熱衷於空拍的工程師，他時常更新空拍機配備、也十分好溝通、常在社團放照片，趁假日接案空拍戶外婚禮、活動競賽等，因拍的品質穩定又清晰，口碑相傳之下應接不暇。「先把自己會的、喜歡的展現出來吧！就能吸引並創造需求。」老查並補充，在草創初期，雖然要酌收費用，但以合理適切就好，「一開始這類的收入絕對比不上穩定薪水。但要能夠看到未來的價值，累積客群。」

除了累積作品外，也要累積自己的能見度。**未來將是「人人都是自媒體」的時代**，各行各業都得有社群經營，才能得以讓人搜尋得到你、辨識你。「只要工作屬性越罕見、你又持續經營社群媒體，那在同業之間的地位就越難被取代。一位會固定在社群發表看法與專業觀點的會計師，跟一位幾乎搜尋不到的會計師，人

老查／李全興　50+

在電子商務領域經歷了萌芽與茁壯期，具備電子商務 B2C 與 C2C 實戰歷練。之後轉朝網路社群經營領域發展，歷經部落格、Facebook 等不同社群媒介演變，對於社群經營策略、社群互動溝通技巧、社群活動規劃與執行、部落客關係經營等均有實務經驗。

FB：老查 Old School

們通常傾向找前者。」老查這麼說。

我在網路上也曾看到一位整形外科醫師，他擁有 YouTube 頒發的十萬訂閱戶獎狀，頻道上放的全都是手術時的影片，沒有配文字也沒配音，但長年累積下來，任何想要整形的患者，都可以透過影片瞭解他的醫術、對他產生信任感，即使他的診所開設在桃園，也有來自高雄的約診。相對的一位默默手術的整形醫師，可能就要靠口碑、客戶朋友間的信賴感來吸引客群了。

04

獨特性＋品牌！做自己的CEO

檢視SEALs含金量，打造自己的商業模式

圖片提供＿聿和空間整合設計

「在這個世界上，沒有人想被依靠，即使他會愛你到海枯石爛。因為，背著一個人是飛不起來的，每個人內心深處都想翱翔天空，自由自在。

所以我們要學會『情感獨立』、『經濟獨立』，以及『生活獨立』，才會有人願意靠過來，偶爾借個肩膀讓我們靠一下。」

收到雪珍姐的書《要獨立老，不要孤獨老》時，我看到上述這段話，尤其是那三獨，深感共鳴。之後在窗口的熱情安排下，我很榮幸能跟她碰面。

雪珍姐風趣優雅、可愛又很好聊，很難想像她退休前是求職網的副總。她笑著說：「要不是因為退休，我不知道自己可以這麼宅，我很享受宅在家的美好。」我喜歡宅宅的人，從背包掏出《後半輩子最想住的家》回贈，雪珍姐住過透天也住過公寓，她翻得入迷，接著……我們就互簽書了起來（笑）……。

談到後半輩子的工作轉場，她鼓勵大家從現在培養第二專長，並從這個專長中找出「市場性」與「獨特性」，讓自己有正職之外的其他工作選擇。好比說，喜歡做木工的朋友，若打算未來以木工可以作為副業的話，就得先到市場上去搜尋一番，評估與了解什麼樣的木工作品，具有除了具有持續的市場性、不可取代性及辨識度高的獨特性。

一旦第二專長能帶來收入，就等於幫自己留了條後路。

要獨立老，首要條件就是經濟獨立。有錢膽子才會大、腳步才會堅定。「沒有錢就沒有發言權、沒有主導權，人生就無法自己作主。」她說，「錢，不必用來仗勢，但絕對可以壯膽。」

我們到這個年紀，在各類型職場中走跳也至少有十幾、二十幾年了。雪珍姊認為，每個人都有不可忽視的價值。「只是我們習慣了，覺得這些價值不值一提，甚至忽略他們。」殊不知，**你習以為常的歷練，對他人可能是個寶！**抹去它們身上的灰塵，讓其重現光華、重新閃耀吧！

四個面向，讓自己成為獨一無二的海豹（SEALs）

要找到自己的市場定位，雪珍姊認為可以從這四個面向檢視，看看自己含金量有多少，越多就表示價值越高。SEAL分別是：S（Skill）技能、E（Emotion）情緒、A（Attitude）態度及L（Learning）學習。條列出自己的優缺點，更能看清楚自己未來的適合走向。

然而，她希望大家要有心理準備，隨著年紀增長，我們的S（技能）跟L（學習力）的進步速度可能跟不上年輕人，「在這個時代，沒有任何技術可以吃一輩子，所有的技術都必須持續精進。」但A（態度）與E（情緒）卻可以彌補我們的不足。「比起年輕人的不成熟與躁動，中年人在情緒管理及耐心解決問題這兩方面通常是較佔優勢的。」

另外，還有「體力」這個部分，中年也不如年輕人，因此，**我們後半輩子的工作不能再是勞苦的體力活**。

三項特質，定位商業模式

「我們必須找到自己的商業模式，商業模式必須具備三項特質：市場性、競爭性及獨特性。此外，商業模式必須能解決他人問題、並且為自己帶來收入。」雪珍姊說。例如煮咖啡。咖啡是既有市場、有現成的消費群，故已具備市場性。接下來，必須精算成本、定位客群，看要走精品咖啡抑或是商業咖啡，進而塑造出競爭性。最後，藉由挑選豆種、口味及烘豆挑豆原則，創造出獨特性。

找到商業模式之後，不能只是默默的做。在這個表達力的時代，經營自媒體、或者加入網

洪雪珍　50+

政大新聞系、台大商學所畢業。

第一個十年從事採訪與編輯的新聞工作，第二個十年轉入電台與報紙負責行銷與活動領域，第三個十年為台灣人才尋找最適合的舞台。目前進到第四個十年，擁有多重身分、從事多重工作，包括作家／斜槓教練／職涯諮詢顧問等。

曾任職《聯合報》主編、台北愛樂電台行銷總監、《自由時報》行銷經理等。著有《要獨立老，不要孤獨老》、《你的強大，就是你的自由》、《工作愈換愈好，得有這些本事》等暢銷書。

FB：洪雪珍

路社群是很重要的。透過自媒體大量累積作品、進而建立個人品牌，越早越好，而不是等要創業時才開始。「要從現在就開始斜槓，斜槓是為日後的微創業鋪路，是人人要具備的技能。」雪珍姊深信，斜槓能為後半生拉出職涯的第二曲線。

雪珍姊建議，從現在開始就把時間分成兩大部分，白天上班、晚上自我實現，選擇有興趣又有市場性的技能，能夠同時擁有資金、又能夠對興趣保有熱情，「當人生只有一個選項，是痛苦的、恐懼的。當人生有兩個以上的選項，比較不會惶恐。」

Part 02

一次就達陣，確認「一個人的獲利模式」！

圖片提供＿聿和空間整合設計

想要讓事業永續，就得像是做自己的 CEO 那樣思考執行，機動、自主、效率與明確是必備的四大特質。再者，一人品牌的在家 CEO 具有不可取代性、重質不重量，與其擴張事業版圖、造成訂單超過自己能負荷，倒不如顧好現有客群，以便專心做好每一件委託。

01 在家CEO≠SOHO，差別在「不可取代」

做自己的策略長，寫一份企畫書給自己！

圖片提供 _ 聿和空間整合設計

一人品牌的在家CEO與SOHO雖然都是在家工作，但差別在於，在家CEO有品牌性及不可取代性，以「公司」角度經營。而SOHO則是比較像生產線或代工的其中一環，就像零件一樣，是容易被取代的。

point1. 給客戶一個非你不可的理由

小琪是一位專接居家雜誌外稿的自由工作者，她所撰寫的內容多為設計案。設計師付廣告費給雜誌後，雜誌派小琪去採訪設計師的作品，並且針對作品寫出動人的廣告文案，並搭配攝影師美美的圖，以便吸引讀者致電設計師詢問。由於小琪已經發展出一套設計案撰寫公式，交稿速度非常快，相對的、文章看起來較千篇一律。

另外一位外稿佳佳則不然。她的交稿速度中等，但她在採訪設計師之前，習慣仔細看各個空間圖、並對照相對位置，採訪時，她時而用屋主的角度來發問、時而從設計師的角度來思考，她甚至會替設計師冠上專屬的形容詞或風格，讓設計師有自己的定位、更容易吸引讀者致電。因為效果卓著，開始有設計師指名佳佳撰寫，甚至請佳佳企劃一整本作品集。

在設計師們的口碑相傳下，佳佳在撰寫設計案這塊領域**成為一種品牌**。而小琪雖然交稿速度快、配合度高，對設計師來說，卻也不是非她不可的文案人選，相較於佳佳，小琪的被取代性就高很多。

當你打算成為一人品牌的在家CEO時，不是只靠專長、技術就好，還要慎重規畫自己的**品牌性**，找出客戶非要你不可的理由。

	在家 CEO	SOHO 族
在家 CEO 與 SOHO 有哪些不同特性？	Small Company Home Company 辨識度高、取代性低 具品牌性的產品 事業具延展性， 可創造被動收入	Small Office Home Office 辨識度低、取代性高 代工 以時間、體力製造單一產品

point2. 從「想要的生活」回推你的經營模式

想當初離職時，我心中暗暗發誓，「再怎麼苦，我都不要回去上班的生活了。」主因是無止盡的開會讓人厭倦。當時我腦海中的想法是，「我不要再過無意義的開會生活、我不要再聽任何八卦廢話。」

有趣的是，離職後我還是常開會，只是變得很有效率，討論重點、最多兩小時內結束。你想要的生活，是以你的價值觀建構而成，有了價值觀，才可以形塑目標、進而回推你的經營模式。

一、**確認事業的價值觀：**

價值觀是你成就事業的動力，它結合理智、道德觀、信念及自我實現於一體，是你行動與表現的化身，它的地位甚至高於你對利潤的追求。

這也是為什麼、**消費者傾向購買帶有價值觀的產品與服務**。例如，一杯咖啡，冠上「公平貿易」或「自然農法」後，消費者會願意付出更高價格來購買。把你的價值觀展現在你的產品上，就可吸引你的消費者。

二、**找出能為你帶來收入的技能：**

如果把市場比喻為戰場，那你所熟練的技能將是你的劍、你的武士刀。

自我經營的 3 個 Check！

1. 價值觀到位

→價值觀必須真實反映在事業的執行，而不是流於表面行銷的喊口號。

2. 市場到位

→技能必須有市場性、技能必須是你早已擅長純熟的。

3. 產品到位

→是否馬上可以推出有把握的產品或服務試水溫，邊推邊調整。有了大方向、再進行下一步。

藉由它來開疆闢土、以便讓價值觀付諸實現。光有熱血、沒有技能只會導向失敗；**有一技在身並專注其中，反而有機會培養出真材實料的熱情。**

三、確認你馬上可推出的服務或產品：

確認市場技能後，思考你馬上可推出的產品與服務有什麼？越單一、越明確越好，它將是你經營策略的主力。譬如一位家具木職人，他的價值觀是「製作無毒又防蟲的木家具，讓消費者安心使用六十年。」由於他的技能是木作，馬上就可以推出的是無毒又量身訂製的木家具。

POINT3. 從「想要的生活」回推工作量及收費

講到自由工作者，傳統觀念是要夠拚、要想辦法賺的比以往更多，然而這反而容易造成自我消耗的悲劇。在家CEO是對自己負責，沒有股東、不用養上百名員工。在家CEO講究的不是規模、而是「夠了就好」，它更偏重在生活與工作的質感上，而不是拼死拼活為工作賣命、失去自己初衷。

推拿師老徐，平均花一個半小時幫一位客戶推拿。他的價值觀與經營策略是「以中醫穴道知識為基礎，幫客戶進行無痛又有效的按摩」，因技術了得、加上收費等同市價，他在離職前都趁週末執業，累積許多客戶，經過兩年確認案量無虞、技術純熟後，鼓起勇氣離職。

創業初期、客人捧場，一個月只休四天，收入比上班時還高出三倍。但每天密集的推拿，造成指節腫脹與手腕肌腱發炎。於是緊急暫停營業，想搞清楚發生什麼事、為什麼原本滿心期待、卻落得滿身職業病？

反省結果，老徐發現他在「工作量」及「收費」失去平衡，收費低廉、工作爆量。所以他把收費提高一倍，漲價後，客戶量減少約八成，但對老徐而言仍划算，現在服務一位客人，過往要服務兩個，才能收到同等價格。能接受價位的客人，也會幫他介紹同質客，優質客源會慢慢補回。

他決定一週放三天假，兩天好好休息、順便進修知識，一天完全放空，帶狗去郊外踏青、或者回老家陪伴爸媽。雖然賺得比以往少，但能有更多休息、換來健康及自我時間。對老徐而言，讓身心與體力維持在最佳狀態、享有平靜的生活節奏，才是當初他離職創業的初衷。

每人每天就24小時，在家ＣＥＯ與一般量產店不同，不是以量取勝，重質不重量是基本原則。

POINT4. 客源不求多，但必須穩定優質

在家ＣＥＯ在乎的是事業要更好、而不是規模更大、或者快速擴張導致泡沫。在家ＣＥＯ在乎的是客源穩定、讓客戶極度滿意，滿意的客戶自然會帶動口碑、介紹新的客人。

在《絕對續訂》一書中提到，讓客戶一再回頭消費的關鍵在於，你的服務或產品能讓「客戶獲得價值、讓客戶成功」。讓客戶獲得幸福感、受到啟發以及得到療癒，都是成功的一種。

慎選客戶是一種自保機制，當遇到潛在客源時，緩一緩想一想：

自我經營第一步，要精算！

一、訂定能讓你存活的「最小限獲利」

當你的產品越明確越簡單，就越容易訂出價位。「價位」的訂定來自最小限度獲利，多少利潤可讓你的事業繼續營運下去？

在家 CEO 忌一開始投注大量成本，卻沒有基本收益、甚至賠錢做好幾個月。像是經營 YouTube，一開始就斥資添購攝影器材及背景道具，卻沒有算出最小獲利，就很難長存。

因此，找出最小限獲利後，立刻推出主打產品、創造現金流，奠定存活的第一步。

二、工作量怎麼訂？設定低標與高標

我們常訂「至少」要做多少「以上」，卻忘記也要設定「以下」。

接了超量的工作，常會導致這週拼到沒力、下週偷懶或放空。在家 CEO 的原則是把產品或服務做到最好，使其達到工作量低標。設定低標同時也要設定高標，超過高標的工作量就得思考是否接下來。

如果創業初期工作量不穩定、沒到最低工作量標準，就把剩餘時間拿來發部落格文、拍影片、做任何幫自己累積社會成本的事。

一、是機會還是陷阱？

評估利弊後再決定要不要接，有些機會是裹著糖衣的毒藥，未知數太多的、抽成佔比不均的、要你共體時艱的、給的報酬是市價的好幾倍但有不利於你的條件……只要心裡面有疙瘩，最好婉拒，若不確定，可找同業前輩或親友討論。

二、與其「雜食」不如「挑食」

別陷入有案就接、有約就赴的盲點，反而讓自己陷入沒有意義的窮忙中。我認識的一位前輩只挑「對自己有益的、還人情債的、社會公益性質的」案子或邀約。此外只要是她認同的社會公益專案，即使是無償付出她也願意。

POINT5. 基本收入之外，思考「延伸收入」與「被動收入」

基本收入是用自己的技術、體力及時間換取而得，佔初始創業者的收入的主要比例。延伸收入是從主打服務延伸出來的副產品或次服務。被動收入則是在初期付出時間勞力，之後只要定期維護，就能長期且定期的獲得收入。

一、延伸收入

延伸收入通常來自於消費者對銷售者的信任與認同，進而購買主產品之外的東西。

例如客戶在髮型設計師的推薦下，願意購買高單位的洗髮精或護髮乳。在某些狀況下，延伸收入甚至會逐漸高於基本收入，彼此的消長一旦出現，就得思考兩者投注的時間，彈性調整。

像是「非喵布可」經營者葉慈慧老師，在創業初始以拼布創作與設計為主，後來經營拼布教室。除教學外、也幫學員代購工具、器材及布料，曾有一段期間，教學帶來的收益，還遠超過原本的拼布產品收益。

十多年來，拼布DIY逐漸退流行，新一代主婦習慣買現成品，慈慧老師又把事業重心從教學移回到布藝創作，她主打日系版型服

1 慈慧老師與員工的專屬工作室。場地提供 _ 非喵布可
2 生病貓狗的柔軟布頭罩、木天蓼與貓草做成的貓咪抱枕，可讓貓咪安定。
3 慈慧老師持續出版布藝相關 DIY 圖解書，版稅即成為她的被動式收入。

裝接力訂製及寵物療癒商品，並透過粉專定期舉辦活動，增加消費者的參與感。

二、被動收入

被動收入的特徵是，一開始要花時間、體力與金錢，製作某樣產品或服務，但它一旦完成了，只需偶爾的維護、不需再多做什麼，就可以持續有收入進來。

線上課程、付費型文章、書籍出版都可帶來被動收入，端看與銷售者之間的綁定。葉慈慧老師除了教學與裁縫外，也出版了五本剪裁、縫紉的相關書籍，其中暢銷書〈我的縫紉筆記〉還改版更新兩次。只要她有在教學、有販售商品，所有的書就有機會被看見、被購買，讓版稅成為她的被動收入來源之一。

02

人生轉場財務333

三年學習經費、三年生活費、三年經營成本費

圖片提供 _ 聿和空間整合設計

創業失敗的主因通常都是在錢燒光、支出大於收入、或者收入遠低於上班時領的薪水。離職創業前，先檢視自己的存摺，看是否達成財務３３３，分別是三年的學習經費、三年生活費、三年經營成本費。

轉場前：三年學習經費

邊玩樂邊做中學、邊準備相關證照，這些費用算在財務３３３中的第一個３。

這裡的學習，是指針對你想發展的範疇的相關學習活動，包括玩樂、體驗、取得證書等都算在內。原本在傳產擔任小主管的阿強，打算轉職成為訓犬師，那麼，閱讀各類訓犬書籍、參加訓犬培訓課程，添購相關器材、參與社團活動都是必須花的費用。學習體驗階段，建議運用業餘及週末時間進修，較不會跟工作時間重疊。

想當訓犬師的阿強，給自己三年時間學習，邊上班邊陸續取得國家級警犬訓練士資格（ＰＤＡ）、台灣畜犬協會訓犬師資格（ＫＣＴ）證照，目前則正在準備ＡＢＲＡ（動物行為資源中心）的訓狗師檢定。

除此之外，他也參加工作犬訓練社團、大型犬訓練交流聯誼會等，多方參與他們舉辦的活動、盡情的玩、並玩出能見度，才能讓同一嗜好興趣的人看到、知道他。

轉場後：三年生活費、三年經營成本費

除了已經累積的技術、人脈等資源外，還要檢視自己的財務是否足夠。如果預設二年內可

轉場財務 333	項目內容
3 年學習經費	證照報名考試、證照補習班、社團活動、比賽報名、材料設備添購、上課交通費……
3 年生活費	生活用品、三餐食材或外食餐費、交通費、自宅水電、社交、其他。
3 年經營成本費	活動及辦公場地租金、行銷推廣、合作夥伴分潤、設備、耗材、管理費、其他。

以回本，保險起見，準備三年生活費及經營成本。

上述的訓犬師阿強，在準備證照、離職前這段期間，也活躍於許多訓犬社團，進而認識同業。同地區的訓犬師看阿強充滿熱情、積極，便把多出來的案子介紹給他。阿強會告知飼主他還在實習階段，而且也只有週末才能服務，故收費打對折，飼主自行決定是否要把愛犬交給他訓練。

阿強希望在離職之前，累計五十個訓犬個案及飼主資料庫，他同時也自建私密訓犬社團，邀請飼主加入、飼主偶爾遇到問題也可以直接在社團上發問，增加互動與信任感。如此一來，阿強不但增加經驗，也有額外收入，幫助他早日存夠創業期間的經費。

設定月收入或年收入，初期可以低標但不能沒有

相較於上班有穩定的月薪，在家CEO通常較難估算單月，但季薪或年薪就比較好算。例如我的版稅及專欄稿費通常是每半年領一次，而演講及到府諮詢則較不固定，演講暑假期間較少、過年前與寒暑假前較密集。再加上零星的評審或顧問活動，我可大約計算出自己的年薪，若把理想年薪回推（也就是除以12）為月薪，這樣就可以算出每個月至少要做哪些事、才能達到這樣的目標。有了目標、才會有良好的時間管理。

以訓犬師阿強為例，他第一年希望能夠達成至少年薪四十萬，也就是月薪要三萬三千元。

在家 CEO，預期月薪、年收入這樣抓！

估出合理的理想年薪 → 換算成月薪 → 得出單月目標（工作量）→ 良好的時間管理 → 達成理想年薪

要達到目標月薪，一個月最少得教十八個小時，假設一隻狗的單一動作通常要花二小時左右才完全教會的話，那他一個月至少要教9～10隻狗，才能達到他的預設月薪。

阿強很快就發現，一個月要找到10隻狗來訓練有難度，而且一旦把狗教會了，飼主可能就不會再回鍋，頂多只能幫他口碑介紹而已。

於是他規畫了「代客遛狗」的服務，每天代溜（不含週末），每月收兩千元。阿強一天最多可以遛6隻，一個月就至少會有一萬兩千元的代遛收入。遛狗服務相對穩定，一旦合作順利，飼主都會傾向長期合作。若加上代遛服務，阿強一個月只需訓練5～6隻狗就可以達標。

透過上述換算目標的方式，我們就可以知道一個月至少要做多少事。進而達成良性的工作循環。

03

熱血≠獲利，「免費」並不一定會被珍惜

謹守「能力、想要、市場」，還要學會自我定價

圖片提供 _ 聿和空間整合設計

想要成就自己的終身職志，熱情不可或缺。但「熱情」與「熱血」並不是同一件事，兩者務必分清楚。熱情是從小發自內心感覺得到、可不同形式運用在工作上，熱情通常伴隨天賦，不但永續、且可以不同形式呈現。

你以為的熱血，其實只是「腦衝血」

我曾有好幾次誤判自己的熱情與熱血。

「田園夢」，就是我曾誤以為是熱情、其實只是一頭熱的事件。當時接觸了自然農法、也看了很多自給自足的書籍，以為這就是我要的生活。可惜當時我還沒能理解「能力、想要、市場」三大要項缺一不可，若當時有用這原則來稍加評估，就會發現要實踐「田園夢」，我當時三者都不具足。

一般的技術可以學，但「務農」的能力，需包括體力、適應力、耐力，就不是那麼簡單了，「都市俗」的我，咬緊牙也許還能適應田園的蚊蟲、豔陽、汗臭，但我體力及耐力都不足，在時間的消磨之下，自己的田園夢如薩諾斯彈指之後漸漸灰飛煙滅。

若從「能力、想要、市場」三點來分析我當時的田園夢，我唯一具備的只是「想要」而已，而且這個想要還不是長久的。但我並不後悔曾經跳坑下去體驗一番，不適合，爬出來就是了，只是別忘給自己留個後路啊！

有些人，都是在滿滿的熱血下就且戰且走的上戰場了。他們的資金來源多是靠募資或自身存款，前一兩年還可自我安慰，第三年還是負的時候，熱血也跟著蒸發了。

把熱情看成心中熊熊燃燒的那把火，那是一股能量，它可以轉換成各種形式讓馬達運轉，要找出可達成、又能換成實質金錢的方法，才能持續幫自己的心添加柴火，讓它越燒越旺。

你的價值，是廉價還是無價？

另一個要思考的還有：產品是你花心血完成的，收取費用是合情合理的，對於一些期望免費服務的要求，要特別注意。

猶記得好幾年前，我曾經受邀某知名協會的分會講座，由於該協會的其他分會也常邀請我，直覺認為講師費應該一如往常，就在搭了高鐵、轉了計程車去到現場，演說的整體氣氛很熱絡，結束後頒發獎狀跟合照，然後……就沒有然後了。

我並不是死硬派、也會看狀況接受邀約，像是一些小型獨立書店或經營辛苦的團體，若是在我能力範圍內（比如距離近、或者有深厚交情），合作條件是可以彈性處理的（例如請他們在新書推廣期間辦、並且賣書等）。但像這樣事前沒說，事後「被免費」的狀況，讓我感到無奈。

我演講的內容，都是實地在全台灣走訪、記錄在地生活，花了不少時間去整理轉化成有用的觀點、好讓大家更能方便吸收，收取適當的費用，應是合理的。

也因為這次的經驗，日後邀約我都會事前確認。

根據某些主辦活動的朋友透露，現在有些講者願意提供「免費」講座，「但這樣我們反而不敢邀，先前就遇過，有一半演講內容在自我行銷，導致聽眾反應不佳。」朋友說，這樣的狀況，主辦單位也會受到輿論影響，這也證實了並不是免費就好。

網路上也常有湊人氣「前一百名免費」、「免費抽獎贈送」的活動，我必須說，如果你的服務跟產品有價值，**從第一位開始就要收費**，吸引來的消費者將是認同你的、而不是貪小便宜的。你可以打折或優惠，但就是別免費送。

也因此，打從轉場一開始，就得替自己擬定一套「定價」策略，才不會在各種邀約上失去了立場。不妨先從了解目前市場上的普遍價格開始，但最重要的是同時找出自己的不可替代服務，也就是所謂的「獨門價值」，兩者相權衡而找到的價格帶。「價格帶」主要是為了經營初期、中期、未來行銷與擴展客源策略，以及不同合作屬性，所找到的具有彈性、滿足階段性收益的價格。

當收益逐漸穩定，自我經營的價值與價格將會呈現最適切、平衡的模式，此外，當獨門價值逐漸被客戶正視、口碑宣傳到一定程度，等於進入了穩定期，同時也是評估是否進行「價格調整」的好時機。等到此刻來臨時，則有可能又是另一個發展的開始。

04

這樣做，讓你的商品／服務被看見

用專業，打進同溫層

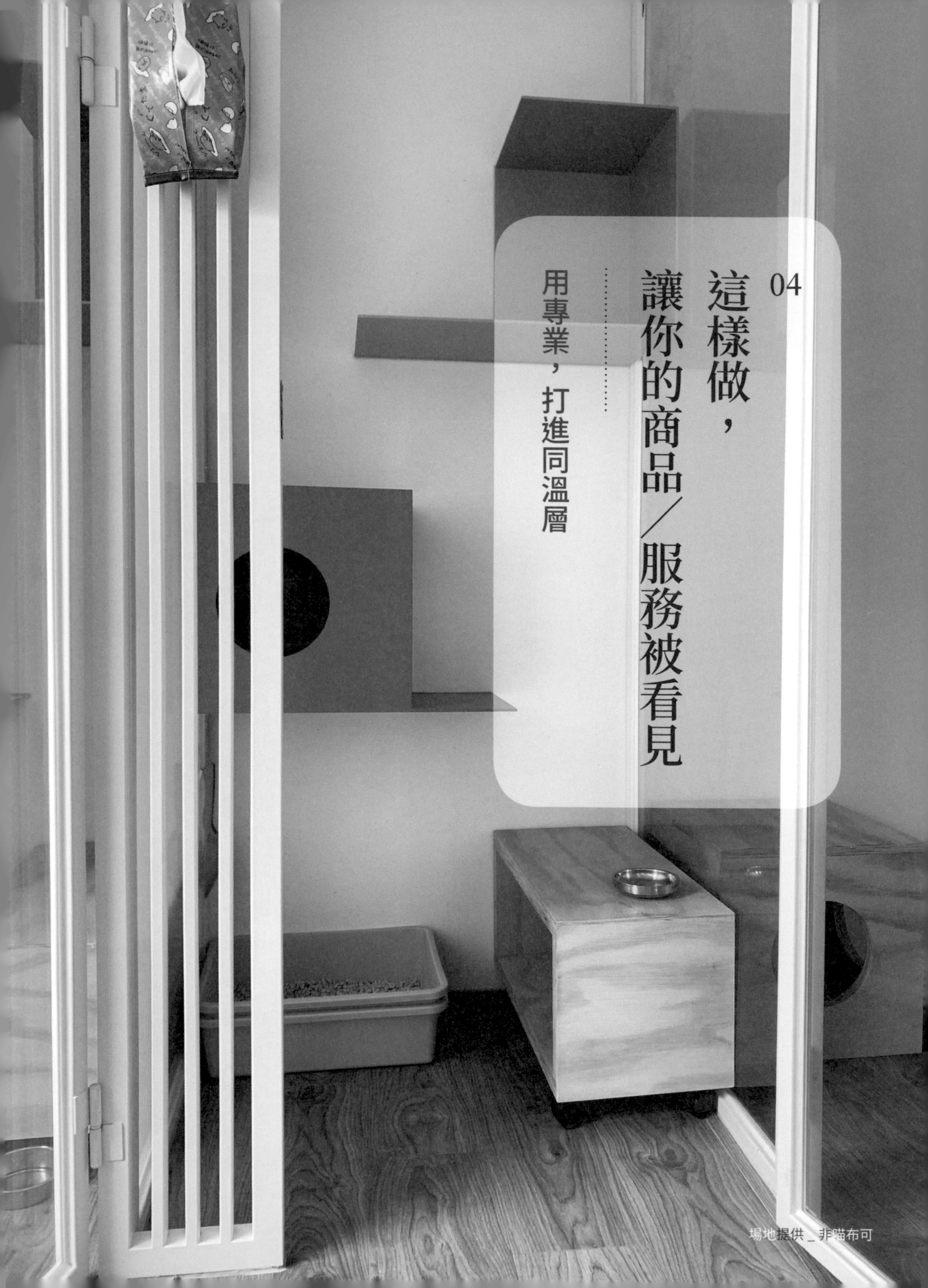

場地提供＿非喵布可

有些人以為被看見、有名氣只能靠運氣及機緣，殊不知，機緣也是可以創造的。創造出看見、被搜尋到的機會是你的責任。

看你提供的是什麼樣的產品或服務，選擇適合自己的網路平台。透過持續的發表，建立使用者的信任度及熟悉感，這需花時間成本、且要定期發佈，才能深植在訂閱者的腦海中。

用自己的專長與人為善

找代表性人物對話、讓知名人物為你帶動曝光量，是方法之一。

但寫一篇動人的邀請函，告知渴望與對方合作、進行有趣的對話，這種成功率一半一半。人總是想要分享好東西、好的服務，如果你的產品與服務來自正向良善的價值觀，又與對方屬性吻合，相信對方也會很樂於推薦。

提供知名人物試用品，產品要能觸動對方，才不至於石沈大海。若是無感，即便是免費，對方收到也不會有回應的。

本書案例之一、寵物水彩素描師美惠，替知名的流浪動物中途愛媽免費畫他們最心愛的貓狗，表達敬佩之意。由於她總能畫出寵物的神韻，知名中途收到畫後都翻拍當大頭貼，如此一來無形中就幫美惠打了第一階段的知名度，現在幾乎每週都有一兩個委託案。

像珠寶設計師凱文，有著健談活潑、不藏私的真誠個性。他們的《威卡珠寶》工作室就位於人潮滿滿的北市麗水街。

客人想要的配飾主題，總能量身訂做、不藏私、幫客人設計出與他個性相搭的作品。再加上只用好料，客人戴出去常受到內行人的讚賞，口碑一傳、名聲遍及國內外，因而有穩定的

1《威卡珠寶》工作室有會客區，
供客人挑選、試戴、討論。
2 凱文幫我設計的休閒型項鍊，
顏色及元素的組合都恰到好處。

1

2

客源。

參加相關聚會，適時發表個人看法引發關注

有次我去聽荷蘭交通及都市規劃講座，講座開始沒多久，一位看似專業人士的觀眾走了進來，他禮貌的彎腰不遮住投影螢幕，悄悄坐到第一排，引起在場的人小小注意。

講座結束後，他在提出想法之前，先向大家自我介紹自己是共享車位 UPARK 創辦人、再發表與主講人不同的見解，同時也提供交集方案，謙和有禮的態度，令現場的人都印象深刻。

活動結束後，不但主講人主動前去找他換名片、現場聽眾（包括我）也圍在他旁邊，大家都對他的工作很有興趣。

他的引發關注方式，是適時提供不同觀點但同時也支持主講人看法，引起大家的反思，這是既得體又能帶動正向討論的方法，再者，他也有隨身攜帶名片（不像我老是忘記），順勢現場一人發一張、也不顯得唐突，之後，他還邀請大家安裝他們公司研發的ＡＰＰ，達到了拓展的效益。

找到同溫層，把生意做起來

前面提到的「非喵布可」創辦人葉慈慧老師，她的支持者包含布藝愛好者及貓奴。讓兩族群因為她而交集。

她在二十年前開始中途貓咪、並踏上救援流浪貓的不歸路。這段期間她也認識不少浪浪志工，熟稔後就會順勢購買貓咪周邊的布藝產品。學裁縫的人，則在慈慧老師的耳濡目染下，加入關懷流浪動物，進而招來更多貓奴。形成手作粉絲的基底。

慧慈老師很喜歡辦活動、連繫顧客之間的感情。例如〈與貓咪的一〇〇個抱抱〉，讓大家選擇自己想要的號碼，輪到時就可前往工作坊與慈慧老師最疼愛最乖巧的尼莫抱抱合照。有些人遠從異地、全家開車過來，只為了那麼一抱，許多久未謀面的老顧客也有了理由再相會。

她也曾跟在地政府申請、在工作坊對面的公園辦〈貓咪拼布園遊會〉，同時串起了貓友、布友及當地民眾。「貓薄荷抱枕」成為貓

非喵布可的一二樓是手作空間，三樓以上則是貓的世界。場地提供_非喵布可

奴必敗商品、而拼布的美學則讓當地民眾大開眼界。

對她來說，布藝創作能帶來收入，而救援貓咪則是她始終的堅持。她現在的工作坊是五層樓透天，一、二樓從事布藝事業、三樓以上都是中途貓咪的房間。她以布藝收入支援貓咪中途，同時也接受貓奴們的支援。

目前慈慧老師雇用一專職小編，負責粉專〈非喵布可×拼布教室〉的經營。小編經營的內容涵蓋「等家的貓咪」介紹、布藝作品發布、貓咪周邊商品開賣等，粉專成功的將原本兩種不同類型的族群結合在一起，形成意義獨特的同溫層。

無論是跟凱文買珠寶的人，或是跟慈慧老師買布藝作品的人，獲得的感受都是呼應某些價值觀。

不妨想想，自己有哪些價值觀可以讓受眾買單？你想營造什麼樣的場域情懷，讓客戶第一時間就想到要找你充電？要讓產品或服務被看見，不能只靠推銷廣告。更多時候，**受眾買的是一種認同或一份感覺**。

05 九大思考，創造「一個人的獲利模式」

步步為營，打造在家CEO的經營腳架

在採訪M觀點的主持人Miula、並向他請益網路創作經營的可行性時，他問到「你的 Business model 是什麼?」我愣住了，詳細請教之後，才知道原來即使是個人職志，也可以用這個方法幫助自己看得更清楚！

一家企業要創業經營前，最好先想好自己的商業模式，踏出第一步時會比較安穩。同樣的，「一個人」是企業的縮小版、最小值，它沒辦法像大企業那樣分工，但很適合先產出MVP（Minimum Viable Product，最小可行產品），重點放在「可行」上，並發行到市場上看消費者的回饋再進行調整。

找到一個人的商業模式

著名創業家兼《一個人的獲利模式》作者提姆．克拉克將他們所設計的商業模式轉換為個體思維的商業模式（到 canvanizer.com 有現成表格可填寫編輯），他列出九大要項，可幫忙你釐清思緒。

我自己練習後，依照填寫的難易度，依序列出如下：關鍵夥伴、關鍵活動、目標客層、顧客關係、價值主張、通路、關鍵資源、成本結構、收入與好處。

大家也可以跟著練習，記住，想法不要發散，只填上「能立即執行」的內容就好。

一、關鍵夥伴（Key Partner）：誰能幫你

這最簡單，所以我把它排在第一個。關鍵夥伴就是支持你完成事業的專業人士或支持者。例如，一個獨立導演，他的關鍵夥伴包括編劇、製片、攝影師等。身為自由工作者，完成一項專案，也

需要關鍵夥伴集結成一個團隊。

有時，關鍵夥伴會是你的親友、師長，他們也許無法提供專業上的建議，但卻能幫你加油打氣、提供勇氣與動力。

二、關鍵活動（Key Activites）／你做哪些事、為顧客提供哪些價值：

這是個人商業模式中最重要最實際的一項。寫下你的工作、執行的任務主要有哪些。例如在本書中採訪的瑜伽老師心宇，她不但提供無干擾的教室、也能敏銳的感知學員的體能狀況，讓學員在安靜又安全的環境學習艾楊格瑜伽。兼顧空間與教學敏感度，走艾揚格體系，她是有別於其他瑜伽課程的獨特價值。

三、目標客層（Customers）／服務對象是誰：

思考你工作主要服務的對象是誰、你想為哪群人創造價值？

提姆提出一個有趣且重要的觀點，他認為，驗收你的工作、同意支付報酬給你的那些人也包含在內。

也就是說，支付我版稅的出版社、幫我審稿編輯的主編、幫我安排活動的行銷及經紀公司、採訪我的媒體、邀請我參與活動的單位等，也是我的目標客層。不過，讀者、觀眾、網友、粉專、訂閱戶，算是我的終極客群。

四、顧客關係（Customer Relationship）／如何與顧客互動：

想以什麼形式與顧客互動？如何與顧客保持長遠關係？

以我而言，我的互動形式還蠻多樣化的，包括出書、粉專經營、講座、諮詢及辦活動等方式。而且我希望關係能夠是永續性的，能與讀者們一起成長。

五、價值主張（Value Provided）／如何幫助顧客、解決問題與痛點：

自問「如果我完成這項工作，顧客可以得到什麼好處？可以解決什麼痛點？」例如書中的寵物療癒師慧君，她解決的痛點是：原本倉皇失措、不知怎麼安撫寵物的飼主，透過她的教學，紓緩自身的恐慌、療癒自己的寶貝。這就是她在寵物療癒這塊、能夠提供給客戶的價值。

六、通路（Channels）／如何有效接觸顧客、如何購買你的產品：

通路指的是接觸客戶的路徑，可以選擇透過自己的通路（B2C）或合作夥伴的通路（C2C）販售自己的商品。例如西服訂製師，他可以選擇透過自己的網站或粉專接受客戶預定、也可在Pinkoi等手工訂製平台提供預約。穩固原有客群的同時，他也定期參展或到國外駐點，拓展國際市場。通路是多變不受限的，但還是要有主要的通路當基本支柱，就像一棵大樹先有樹幹才有分枝一樣。

七、關鍵資源（Key Resources）／你是誰、你擁有什麼：

在這九個項目之中，我覺得「關鍵資源」跟「成本結構」最難。

提姆認為，個人的關鍵資源主要包括四種：「興趣」、「才能與技能」、「人格特質」，以及「擁有的有形無形資產」。

我的「興趣」是探討我覺得有意義的主題與趨勢，並透過實際採訪、蒐集情報去驗證。

更精簡的商業模式— OKR 目標管理法

OKR：Objectives（目標）＋ Key Results（關鍵成果）

如果想追求短期可見的明確效果，OKR 目標管理法可以引導你思考「要做什麼」及「如何做」，也就是透過一個目標，配上 2 ～ 4 個關鍵成果。以推廣客源為例：

O：目標是提昇更多客戶數量、創造更多獲利。

KR：與每位客戶互動時間要比平均增加五分鐘、每月新增 5 ～ 8 位新客戶。

才能（ability）與技能（skill）兩者是不同的。才能比較像是與生俱來的能力，我到近幾年才發現，我的才能之一也許是透過聊天，不知不覺就能讓初次見面或不熟的朋友講出與他們的見解。

八、成本結構（Costs）／你要付出什麼：

指為了這份工作，你要付出的時間、金錢與精力。

例如：進修費、交通費、工作租用場地的水電費、社交費等「硬成本」。以及在與客戶來回討論、修改專案內容的時間等，所付出的「軟成本」。

九、收入與好處（Revenue and Benefits）／你得到了什麼：

主要是指實質的金錢收入，諸如報酬、薪資或分紅等。提姆認為，個人商業模式的收入之一還包含成就感、滿意度等。

以上這些深度的分析與思考，相信大家填寫完畢後，大腦應該也燒掉一半了，拿著寫好的內容與朋友，或職涯顧問討論，更能聚焦與調整。

商業模式，主架構不能有太大變動，但可適時微調。時代一直在變，唯有站穩立場，才能繼續衝浪、而不是被浪頭淹沒。

1 顧客關係的建立，是一人 CEO 最需看重的基經營礎。
2 在自家空間開始經營烘焙手作課，即便是規模大小與形態具有彈性，但從成本、空間、價值與主張等來看，仍得思考一套操作策略。

圖片提供 _ 劉為麟

Part 03

又住又賺，從家開始是門好生意

圖片提供_ 聿和空間整合設計

家空間常是微型創業的起始點。初期的職業轉換，資金與成本的負擔較有壓力，不妨善用自宅空間，打造一個可以為自己賺錢的房子，或是一個具有支持性、好用流暢的工作角落。即便是租屋族，也能思考如何運用既有的空間，創造一個又住又賺的獲利模式。對於擁有自宅的人，更可以透過改裝、局部改造、規畫專屬空間來賺錢。

01 在家CEO！自宅租屋，都能又住又賺

你想做的事，讓家空間來支持你

圖片提供 _ 聿和空間整合設計

在家CEO的空間規畫，絕對是加分的重要一環。由於在同一空間中，得切割工作生活、私人生活，若不小心「混為一談」，往往會造成什麼事都做不好的窘境。在我所拜訪的實例中，每位屋主對工作領域都十分講究，因為，**看重工作空間、就等於看重自己的事業**。如果你尚未確認要怎麼規畫，不妨先參考以下幾種型式與建議。

形式1：規畫專屬空間

規劃專屬工作空間，好處是所有的工作相關物品都可以固定在這區裡面，物品不必移來挪去，工作時段較不會受限。

但這樣的空間區隔，前提是房子夠大，或者單身、兩人住，有閒置的房間，在規劃專屬空間上相對容易。

教Swing舞蹈的老師莉莉，就是利用公寓家中其中一間房間（約6坪大）進行教學，房間裝了隔音地板、牆上裝了鏡子，一次可以教兩到三對學生，小班教學也可以。

把其中一個房間拿來進行自己的手作工作室，像是拼布、編織、精工或小型木工，這些需要有空間擺放機具、與客戶討論圖面的，都需要專屬空間才能順利進行。

如果你住的地方是透天形式的，規劃起來就更容易了，與客戶互動通常可以規劃在低樓層，若需要安靜、不打擾的預約型服務或個人工作室，則兼顧隱私感的頂樓或高樓層是不錯的選擇。

形式2：局部空間彈性利用

若空間不夠，最好的方式就是彈性利用，這時選對家具就變得十分重要。

一位定期在家開辦收費型讀書會的主持人，他在5坪大的客廳買了L型沙發、兩邊放置可堆疊的長凳。他沒有買大茶几，而是鋪上柔軟的地毯，如此一來讀書會可以容納10～12人。沒有辦讀書會時，整個客廳就是他聆聽古典樂的視聽室，一廳多用讓他的生活更有彈性。

有些工作型態，甚至只要在角落，擺上一張桌子、一張椅子、一個櫃子就綽綽有餘。像是原本經營咖啡館的黑兔兔，近年來迷上陶藝創作，收掉咖啡館，與老公阿邊專心沈潛在製陶的樂趣中。做陶時間，窗邊的閱讀用小桌就成了黑兔兔捏陶的地方。

在空間有限的狀況下，一張大桌的彈性運用潛力更勝於沙發與大茶几，大桌一般高度在72～75公分、搭配一般書桌或餐椅（椅面高度約45公分），不論工作、用餐或與家人聊天都是舒服的高度。

初期在家工作，大工作桌是CP值最高的配備，以此為首要規畫，再延伸其他設備。

在家CEO，你可以做哪些事？

在家CEO與空間的關係，主要可分為二種。一種是活用空間優勢來經營事業，一種是活用自己的技能結合於家空間。

圖片提供 _ 黑兔兔

黑兔兔在家開設陶藝工作室，窗邊小桌就可以提供各地學員到家上課。

教室、工作坊

寵物日托、小型學院及教室、接待客戶的工作坊等，對空間條件需求較高，寵物美容師小米，本來受聘在寵物用品店幫寵物洗澡，後來她看到寵物日托有市場性、回頭評估自家的四層樓透天頗有潛力可做，於是開始提供寵物日托服務，日托一天二百五十元到四百元（含散步，以體型計）。由於小米對狗狗很有一套，每天每天約可日托6~8隻。

抓 bug、語法

然而，大部分的工作型態只要有個小房間或小角落，擺上筆電及工作桌，就可以進行。一位軟體工程師運用業餘時間幫許多大站抓 bug，從國外的 google、Yahoo 到國內的購物平台網站，只要能修正 bug、解決資安與網路流速，就可獲得大型網站獎金。有時獎金還高過他的本薪。

線上諮詢

開設線上課程、提供線上諮詢也是另外一門在家事業。一來減少舟車勞頓的碰頭，再者也可以兼顧隱私。像我自己就委託過線上心理諮詢，以 Skype 進行音訊對談。不必面對面，談起來少了許多疙瘩、也自在多了，一樣有成效。

線上課程

曾與一位室內設計師討論網路經濟，她提到正在規劃居家設計線上教運用自身專業，以小型課程經營，更居注重空間規畫。

學課程，目前坊間不少課程及讀書會，也是以視訊會議的型式進行。

販賣數位相片

攝影師朋友的同業小白，專門拍照上傳到 shutterstock.com 販賣照片。該網站的用戶遍佈全球，只要有人指定要下載小白的照片，馬上就可從網站獲得稿酬。然而要在競爭激烈的狀況下，讓自己的照片脫穎而出，小白需定期構思主題。例如，「亞洲媽媽的教育觀」，他就會雇用一位長相較像傳統亞洲人（鳳眼黑髮）的中年女性與小孩來拍攝，讓模特兒演出虎媽須或慈母的表情、或者請小孩佯裝成媽寶或孝子……透過不同的表情與場景圖象，他的照片就能夠獲得歐美買家的青睞。

書寫服務

一組舒適、吻合人體工學的桌椅，就能讓書寫家創業。近年來很流行手寫字，美國一位鋼筆控克里斯單純因為興趣、長期在IG分享自己的手寫格言，引起廣大的訂閱。之後開始陸續有網友委託他寫格言作為自勉用、結婚賀卡、客戶感謝函等。隨著委託量越來越大，克里斯邀請兩位網路同好加入，三人在家寫好再寄到共用信箱，郵寄費用再由總收益中比例分攤。客戶還可先透過專屬ＡＰＰ直接把要手寫的內文上傳，就可決定選擇以紙本書信、或圖檔翻拍的形式寄給指定收信人。

除了以上所述，像是常見的設計工作、美容按摩、或是透過一台筆電就可以接案……能發想的工作型態實在太多了。家空間的存在，就是一個現成的資源工具，也是一個可以發揮的平台，就看你如何運用和配置。

圖片提供 _ 島鱗赫

另類包租公，局部空間計時出租！

以時數或天數計，讓家空間「以家養家」，局部空間出租，一樣能有租金收益。

1. 專業工作室：家中有專業設備的攝影、3D 模型列印、精工或小型木工工作室，可提供同好以時數或半天的方式出租。

2. 廚房料理空間：因烹飪教學、美食節目錄製等需求，將自家廚房、餐廳規畫成開放式空間，並提供爐具、餐具、道具，以及氛圍餐桌，供半日或是一日租用。

3. 停車位：適用於一位難求的大都市。白天屋主開車外出，車位租給到附近工作的上班族，兩者停車時間剛好錯開。

4. 提供借景拍照：如果你住的地方佈置得很有個性，或很有自己的風格就有機會成為廣告公司或媒體拍攝時的背景。

5. 儲藏空間：閒置的空間。若面積很大，可出租當倉庫，但要確認是放置安全合法物品。

02

小心6大迷思，在家工作和你想的不一樣！

時間管理、家人共處、收入模式大不同

圖片提供＿聿和空間整合設計

到公司上班，工作與生活能清楚切開，在家工作，則很容易混在一起。日子久了，問題也漸漸衍生。有時，自以為在家工作可以兼顧的事，往往適得其反，讓自己的節奏大亂。因此，有些迷思得正視，以免誤踏：

迷思一：可以花更多時間跟家人相處

「媽媽，妳可以不要一直工作嗎？」當女兒看著雅雅說出這句話時，雅雅震撼了。

「當時我離職就是為了要多陪家人。沒想到我以為的陪伴，在家人眼裡卻是工作。」雅雅離職後，持續接案工作，她隨身攜帶筆電，與家人出去玩也拿出筆電，當家人下課下班吃晚餐時、她也拿出筆電，「我認為我待在家人旁邊，就達成陪伴的目的。但卻是人在心不在，反而讓家人有種失落感。」

有鑑於此，時間上更要自我規範。看似比上班時能多跟家人相處，卻更容易陷入浪費時間的陷阱。若與室友、伴侶都是在家工作的情況下，更不能互相影響，才能確保工作進度與品質。

迷思二：可以省掉托嬰跟保母費

有些人認為若在家工作，可以邊顧孩子邊做正事。但一位建築師的過來人經驗是，壓力非常大。孩子吵她覺得煩、孩子太安靜她又會擔心不斷探頭去看。

好在當時她與幾位鄰居輪流照顧孩子，每天傍晚可以喘口氣休息一下，「如果可以重新選擇，我一定會雇用白天保姆，在我工作時於一旁照顧孩子。」

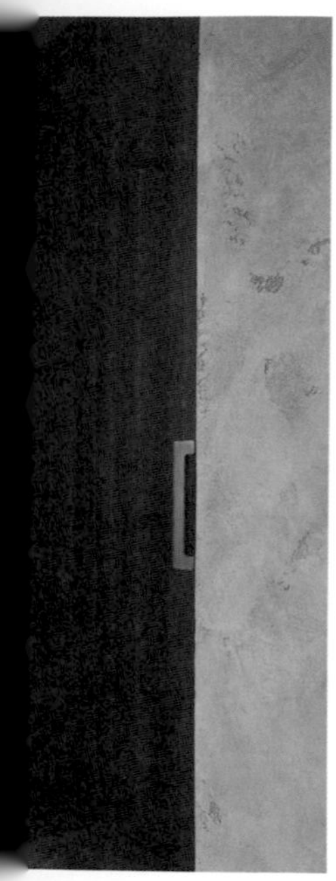

在家工作的 5 個時間管理 Tips

1. 列下今天必須完成的工作清單
2. 預估每一項工作所需花費的時間、並設置計時提醒
3. 每完成一樣任務就給自己小獎賞（吃點心、散步……）
4. 工作時不要看電視、滑臉書或 IG
5. 午餐時間宜換個環境充分休息

迷思三：我可以同時做家事與工作

專注在工作的人都知道，工作時段最不希望被各種事情切斷、分割。當你正在專注工作時，茶壺水突然煮開了、衣服洗好了、掛號信來了、垃圾車來了、貓咪過來撒嬌……瑣事不斷讓你離開座位，當你回來時，早已忘了剛剛的想法是什麼。在工作時與家事同時並行，不是不可能，只是要找到平衡點，把影響降到最低。

迷思四：自己是老闆，想工作就工作、想休息就休息

在家工作少了同儕氣氛，加上環境舒適、沙發很好躺，原本只打算瞇10分鐘卻睡了1小時，結果下午睡太飽，到凌晨一兩點還很嗨……原本打算早睡早起的作息就這樣打亂了，若隔天上午要與客戶碰面就會影響到。

迷思五：跟上班時一樣，有穩定的收入

在家工作等於一人公司，收入時多時少，無法像月薪般固定。一個長達三個月、半年甚至一年的專案，就要有心理準備，要半年、

圖片提供＿聿和空間整合設計

圖片提供＿聿和空間整合設計

一年才拿得到錢。預備金、存款、週轉金，都是基本要準備的。

迷思六：任何人都可以在家工作

很多時候我們「以為」自己適合在家工作，但並不是如此。在家工作的人，需要高度的自制力，他在家的工作模式要比照在上班時的模式，才能保持適度的積極心態與效率。

工作與家人、家務同時段出現在同一空間，自我管理與分流處理成為重要的事。

03

訪客型的在家CEO，2件事一定要在意！

把家人安頓好，把私空間收拾好

圖片提供＿車和空間整合設計

對於在家工作者，若是經營型態屬於訪客進出頻繁的，要注意的眉角會比較多。打從客戶踏進門的那一刻，就得注意來者的觀感，觀感會影響到他對你的專業判斷；此外，要如何將客戶與家人在同一空間做分流，彼此適得其所，也是重點，為此，有兩個面向一定得先認清與注意：

注意1：用家空間賺錢的隱形成本

在外面租用辦公室、工作室有租金、交通接駁及維護管理的成本，那在家裡就不會有嗎？仔細想想，它看似可以省掉租金及交通等金錢時間成本，但卻有看不見得隱形成本。較常見的是「社區關係」、「個人隱私」及「對家人的干擾」。

成本一、社區關係：

社區住戶若要運用家空間工作，就會與管理員、鄰居有較高頻率的互動。小志在自宅提供經絡按摩服務，他的住家所在是中小型社區，根據管委會規定，訪客都必須繳交證件，管理員才能放行。相較於其他鄰居單純且沒有訪客的生活，他每天都有約三、四位客戶要進出社區。為不造成管理員困擾，他每天都會寫一張紙條給輪班的管理員，上面先寫好訪客的到訪時間，以及訪客姓氏，方便管理員確認。外出買餐時，他也會問管理員要不要幫他買什麼、或者主動帶杯飲料回來給對方，「**讓他對我有好印象，這樣他也會善待我的客人。**」

小志也會先提醒客人，「本社區需先繳證件才能進入，請將證件繳給管理員、換取號碼牌喔！」雙方先講好，客人與管理員之間的互動較不會唐突。

有些社區住戶感情好，住戶常聚在大廳閒聊。為避免初次造訪的客戶成為被攀談的對象，工作者（屋主）最好到大廳門口等候，避免造成不必要的困擾。

「跟大廳的阿伯阿姨們伯要保持好關係，對他們微笑問安、不要撲克臉。他們頂多就是愛問問題，不會太過為難。」家住高雄社區大樓、在家開設美甲工作室的麗麗強調，尊重鄰里住戶是必要的，「我常會在客戶到訪的前10分鐘就站在大廳等，通常會有三、五位阿姨叔叔在大廳跟管理員閒聊。他們有時會好奇問我的工作，我簡單說明後，他們就能瞭解客人來意、對於我在社區自宅執業較不會有微詞。」

成本二、「隱私」、「家人與客人之間的干擾」：

在家開業，你住的地方被知道，就是第一個代價。這部份要權量輕重及考量安全，到府的客戶最好是經過確認沒問題、或者在外面有碰頭過一兩次的，較能降低困擾機率。有管理員、門禁卡提供第一道過濾，通常會安全許多。

進到家門又是另一道隱私。窺探是人的習慣，到別人家總是會好奇四處看，三房兩廳的平面格局，最容易被看光光。透天形式的住家，也要看你對客戶開放的是哪個樓層，通常教室都設在三樓、工作室會設在一樓或二樓，樓梯經過的地方，是要敞開讓經過的人看到、還是要遮一下做些緩衝？這要看每個人對隱私的考量、願意開放到什麼樣的程度。

如果可以，盡量不要讓訪客影響到其他家庭成員。

我因某次園藝展，在桃園認識一對夫妻，老婆在家教花藝、老公則是上班族。女主人的插花教學時段通常是晚上七點到九點，男主人則是六點半左右就下班回到家。由於不希望老公外食，女主人會做菜給他吃。每當上課的時候，學員們在客廳大桌上課時，老公就在另外一

圖片提供＿聿和空間整合設計

邊的餐廳區用餐。由於男主人吃飯要配新聞與政論節目，於是在餐桌放螢幕面板。學員們在客廳插花，聞到的不是花香、而是飯菜味，聽到的不是音樂，而是若隱若現的新聞播報聲。這樣的上課氣氛太家常，雖然女主人的花藝了得、也曾有不少媒體來採訪，還是讓有些學員覺得場地不夠專業，導致課程常開不起來。

最後，女主人決定以家人為重，改在外面租場地，只是學費就得拿來分攤場地租用費，時間也會受到限制，就看學員是否能夠調適。因此她希望有機會能夠換房子，找個格局可以區隔出工作室、生活的房型，畢竟在家教學她覺得還是最便利自在的。

注意2：住家就是工作室，私空間私生活要收好

我曾經有陣子很迷做SPA，體驗過一兩間私人芳療工作室。經營者都是從知名SPA館工作數年後、出來自己做的。

居家型私人芳療工作室通常要換上共用的浴室拖鞋、門上的掛勾上面還掛有芳療師的浴帽、浴室還有前一位顧客沖洗過的水漬痕跡、排水孔有毛髮等，讓我使用起

來忍不住「躡手躡腳」。

儘管她專業且手法優秀，同時我也已經支付五堂課程的費用，最後，還是去了一堂就不想再去了。

也許你會覺得奇怪，我拜訪過這麼多私人住宅，應該早就習慣了。我要說的是，「拜訪私人住家」跟「接受服務」是兩種截然不同的期待。就像你去朋友家玩，你不會特別期待他們家像飯店般整潔，也不會期待餐桌擺設能像星級美食餐廳那樣專業。

最終，我還是決定回到企業化經營的SPA專門館，儘管收費較高，但SPA館看不到私生活遺留的痕跡，這點對稍有潔癖的我而言還蠻重要的。

這部分寵物療癒師慧君就做到我心坎裡了，她的工作室雖然設在家裡，但一進去就完全是專業工作場所的形態，絲毫感覺不出它也兼具私人客廳的功能。就連沙發看起來都新穎有設計感，慧君說：「之前是另外一款沙發，有點舊且骨架稍微變形，如果只是我們夫妻倆用也就罷了，但這個是工作室，不能讓委託人覺得他們在用『我們的』沙發。」此外，每次委託人拜訪前，她必定先把衛浴打掃乾淨，洗手盆及地板的排水孔絕對看不到一根毛髮，除了洗手乳及擦手巾外，浴室不會出現任何私人用品。

接待及服務空間，私生活痕跡 Out

1. 等候區若有電視播放，以生活休閒頻道為主
2. 桌椅、開放式置物櫃，應整齊擺放跟工作有關的物品、而非私人生活用品
3. 勿將自己吃到一半的零食、飲料及餐食放在桌面上
4. 勿有私人衣物、披肩、小被子放置於沙發上
5. 浴室不要有私人清潔用品及毛巾、避免毛髮留在排水孔、避免異味

若是屬於接待客戶型的工作屬性，客人行經之處都得營造一定的工作感。

圖片提供＿聿和空間整合設計

04 有店面≠有生意

倖存者偏差：有店面不等於生意做得起來

只要把家的一部分挪為營業工作用，就可以賺錢了嗎？答案其實只對一半。

看人經營小咖啡館，放著自己喜歡聽的爵士樂、搭配幾道簡餐與甜點，好像很容易又很愜意。倖存者偏差讓我們以為：「只要有個店面、裝潢成文青風，我一個人來經營、頂多聘個工讀生，生意就做得起來吧？！」要記得，我們眼前所看到的都是倖存下來的，隨風消逝的店面我們都看不到。

搞不清楚在地人作息，定位大失策

我有位原本住在台北市區的朋友，單身的她去了幾趟東岸、非常嚮往小鎮生活，毅然決然賣掉台北市的老公寓，買下花蓮市區的連棟透天邊間。那間透天厝位於巷弄間的幽靜社區，安靜又氣氛好，社區住戶大多為退休公教人員家庭。他認為：「社區臨大馬路的一側，也有兩家小咖啡館在經營，應該是有市場的。」

為了後半輩子能有持續穩定的收入，她都想好了。白天在一樓經營自己的小咖啡館與簡餐，二、三樓就設計為住家。由於台北的房子賣了不錯的價位，她花了不少錢裝潢透天，甚至也設置四人電梯讓自己方便上下樓，「畢竟我打算在這裡住到老，電梯是一定要的。」

然而，沒料想到的是，花蓮社區的居民、其生活作息與臺北市居民截然不同。「在臺北，大家都很習慣在外面吃晚餐、點杯咖啡聊天聊到很晚。」她無奈的說：「但在這裡，社區居民晚餐都習慣在家裡煮，六點之後幾乎看不到有人在外面遛達，一片寂靜。」辛苦經營了兩年，營業時間從原本的十一點提早到上午九點、晚上延到九點鐘。她曾經試過辦活動來吸引人氣，不過來參加的人數常常是小貓兩三隻，活動成本難以打平。

「我後來才知道，臨路的那兩家咖啡館，都是自宅經營、全家投入、父母身兼免費員工，沒有房租及人事壓力。」時間拉長了、活動增加了，的確是有增加一點人氣，不過還是撐的很辛苦。加上他有慢性病，每兩週要到台北醫院複診，一開始認為的愜意火車賞景之旅、現在反而有舟車勞頓的倦怠感。

即使人潮集中，不符需求，手沖咖啡小館一樣有危機

談到這裡，大家可能以為，只要選在鬧區、上班族密集的地點，就不會有這方面的困擾了吧？我要插播一個小故事，在新竹科學園區的金山社區，那裡工程師租屋密度極高。曾經有一間「手沖咖啡」選定了這個區位，租了一樓店面、主打精品咖啡、專業手沖。

眾所皆知，科學園區的工程師們最講究「CP值」，時間就是金錢，手沖咖啡老闆以虹吸原理來泡咖啡，速度有限，對於中午來買咖啡的工程師們而言，「十二點到一點半」這段休息時間很珍貴，若要排隊五分鐘以上才能喝到咖啡，他們寧可改去便利商店買。而且店內空間小，頂多容納5～6人，就算有時間要坐著喝，也不一定有位置。老闆雖有熱誠卻沒有營運效率，扣掉房租之後幾乎打平，慘澹經營兩年後還是倒閉。很多事情，有感性、有熱情是不夠的，還是要有理性評估才行。

想離開鄉間、搬回都市，但已經回不去了

回到花蓮的咖啡館，朋友說：「我曾一度想賣掉這裡、再重新搬回臺北。但那裡的房價已

漲、我這邊也不知道能不能賣到更高的價格？我想應該已經回不去了。」如今她只能咬牙繼續經營。但我覺得她已經很優秀了，在那一帶經營的咖啡館、簡餐廳，很少能活超過兩年的。

也有不少都市人一頭熱到鄉間經營民宿的，有對台北市夫妻也是到宜蘭蓋了民宿，持續的網路行銷、優質服務及女主人優秀的廚藝，讓他們得以經營超過五年。但民宿經營有寒暑、淡旺季，保險起見，近六十歲的老公在三年前開始兼職、每週數次往返台北市擔任顧問，才能穩定全家收入。

類似上述這種狀況不勝枚舉，台東、花蓮及宜蘭等東岸，常有許多西岸來的移民重演同樣的故事。如果不是很確定搬到鄉下小鎮要做什麼、但又「非常想要」住鄉間小鎮，建議至少要在當地住上一、兩個月，觀察當地風俗民情、觀光客到此的消費傾向，你可能會發現跟你想像的不一樣，屆時再做決定也不遲。

05

在家工作的空間規畫8大重點

定位、工作家具、採光、收納、設備、空間風格……

圖片提供 _ 聿和空間整合設計

工作區域最重要的功能，是讓工作順暢、增進效率。

我目前看過最寬敞舒服的家庭工作空間是在德國，一位家具設計師擁有偌大的平房，他選擇了視野最佳、面對庭院的房間當工作區，空間裡擺放了製作模型的大桌及模型工具收納櫃、筆電、圖桌。

我也有看過位於客廳一隅的工作區。

全職主婦咪咪從去年開始經營網路代購，她家不到15坪，為不影響夫妻倆的生活品質，她的兩只大行李箱跟代購物品都放在租用的小倉庫。「小倉庫可放約20個紙箱，月租費用在一千三百元以內，對我目前的代購量來說夠放。」她買了張獨立小工作桌放在客廳角落，並活用電視牆側的收納櫃及平台，即可滿足工作上的功能需求。

不論是專屬區域、或者只是小小角落，都有義務把它塑造得舒適宜人、提升效率。

以下八個基本原則，可作為規畫的重點方向：

一、確認你的工作位置

依照工作屬性，決定要把工作位置規畫在家中的哪個部分。

若住家是透天，你的工作型態需與外人接觸（例如諮詢），那設置在一樓最方便。若是屬於不能被打擾的（例如設計、創作），則選擇不會被家人打擾到的樓層或房間為佳。

如果是公寓型平面格局，**工作位置以不影響家人、不被家人影響為前提**。像上述從事代購的咪咪，原本是習慣在臥室使用筆電，但她作息與先生不同，先生睡覺時她還在工作，筆電的亮度會影響到先生睡眠，所以後來才決定要移到客廳角落。

二、留出足夠的工作空間

在工作區要能輕鬆的左右移動、順利自在的坐下站起，伸懶腰時手不會撞到書櫃。我們常低估自己所需要的空間，務必事先丈量，感受一下是否充足。

一般而言，最最簡單的工作範圍（桌椅、書櫃）尺寸，寬度至少要 1.5 公尺、長度抓 2.2～2.5 公尺為佳。

三、選擇適合你的桌椅

一般而言，舒服的桌子高度約在70～75公分，但又要看個人的體型。對於高個子來說，70公分的桌子就太低、坐起來會駝背。桌子本身的寬度，最好大於 120 公分，若有手作需求，則至少要 150 公分（也就是雙手展開的寬度），這樣左右兩側都有可以暫放工具的空間。

如果有使用筆電，則打鍵盤的位置也要考量。打字時，手腕與手臂呈90度垂直，較不會發生肌腱炎、扭傷等工作傷害。

配合桌面的高度，椅子的最適高度通常在45公分左右，選擇可以調整高度、椅腳裝有滾輪的辦公專用椅，更方便活動也比較彈性。

四、界定你的工作區風格，展現工作屬性及個人特質

這個工作區以顏色、家具、照明、甚至地面來界定。選擇適合你的家具，新舊混搭，不一定非要全部買新的。如果你喜歡赤腳工作，但居住環境需穿拖鞋，那你可在工作區域換上不同的地材、或者鋪上地毯，只要進入這區就要脫鞋。

如果有接待客戶到家裡，風格及設計的搭配就更顯重要。

圖片提供＿島輝麻

工作空間適當規畫，可以讓效率與專注力提升。

一般家庭式工作坊，不論是手作、芳療或授課等非動態型的，通常是圍著一張大桌、4到6名學員，3～4坪的面積就很足夠，如果空間還有餘裕，最好也規劃半坪左右當做等候置物區（提供換鞋、等候、學生外套雨傘暫置等），如此一來，學生私人用品可集中放置、較不會有散落各處的雜亂感。

五、注意採光照明

良好的採光及照明，對工作與生活都很重要。有些工作型態需要充分的採光、有些反而是溫暖黃光更能幫助客戶放鬆。選擇有自然光的窗邊、或者有窗的房間角落，偶爾想讓思緒與視覺跳脫時，轉個頭就可以看窗外風景。

盡量避免選擇西曬的位置，若無可避免，加裝遮光窗簾或可調整角度的百葉窗，皆可降低眩光、反光以及體感溫度過高的困擾。

預算有限的狀況下，不必為了照明而重新裝潢。基本上，只要面積在5坪以內，選擇可調整亮度吸頂燈（色溫建議在4500～6000k暖白光）、立燈跟照度500lux以上的可調式桌燈，就可以提供充裕的局部照明。

六、規畫儲藏櫃或置物區

各類型的工作屬性，都會有專業上的工具及用品。例如設計類的常須畫圖，故需要有相應的櫃子收納繪筆、圖紙等。而從事會計或資訊類的工作，則會有大量的文件夾、資料夾等。依照物品種類來選擇合適的櫃子尺寸，才能發揮收納功能。

工作專用的儲藏櫃、置物區，應盡量避免跟家中的其他生活空間混淆，才能保持工作區域的清爽、動線順暢安全。

七、順著插座配置，盡量以無線取代有線

有時受制於插座位置，數據機、印表機的位置無法配在書桌旁，為避免拉線太過遙遠、有礙觀瞻，盡量選擇無線的設備。現在印表機、數據機、掃瞄器或音響，都已經可搭配藍芽或wifi，越少線路看起來就越清爽。

至於電腦、主機的電線，建議用整線器及押條整合，降低絆倒的可能。

八、即使一盆也好，在工作空間擺綠色植物

選擇細長、寬大的全株綠葉植物，放一兩盆室內植栽，可以幫忙淨化空氣（要在光線充足的前提下），也可帶來好心情。虎尾蘭、觀音棕竹、黃金葛等，都很好照顧（室內約兩天澆一次水即可）。

圖片提供＿聿和空間整合設計

獨立開闊的工作區，較不易受到打擾，
可做為瑜伽、美容、小型課程等工作室。

Ch2

在家 CEO，起跑！賺進後半輩子從家開始

case 01 ▷ 一個家兩個工作室！寵物療癒師 + 企業形象設計師

case 02 ▷ 頂樓的瑜伽教室，賺收入賺朋友賺人生！

case 03 ▷ 居家綠食園藝師，造園美學是工作也是生活！

case 04 ▷ 連結你家與我家！穿搭諮詢師的「型動」衣櫃

case 05 ▷ 家的微生意！寵物水彩素描＋上班族共食餐桌

case 06 ▷ 一場大病後，不做老闆來當包租公

case 07 ▷ 木職人，賺收入也賺自我實現

case 08 ▷ 開放自宅款宴，今天只當你的主廚

case 09 ▷ 14 坪小家 = 茶道教室 + 日常住居

case 10 ▷ 一半臥室一半教室，專業攝影教室，就在 12 坪的家

case 11 ▷ 國際二房東，大坪數、高房數轉租！

case 12 ▷ 共享辦公室：聊天大叔，人生職場微顧問

case 13 ▷ 共享辦公室：中年知識型 YouTuber，讓「全新觀點」成為商品！

◆ 在家 CEO 規畫關鍵

1
善用雙層空間
區隔公私生活

2
私物件不露臉
展現工作專業

3
工作時間控管
在家也要下班

01

屋主年紀

▶30+

一個家兩個工作室！寵物療癒師＋企業形象設計師

雙樓層彈性空間，夫妻倆獨立與互伴的人生

住在林口的慧君與阿和夫妻倆，原本從事設計工作，如今，一位是寵物療癒師、一個是企業形象設計師。他們透過規畫將樓中樓的家，區分成工作區與私空間，讓專業不打折！

來到林口的新興住宅區，我站在慧君家大樓門口，讓有狼犬血統的米克斯島妮對我嗅嗅聞聞，待牠確認我「人畜無害」後才准予通行。

本來預期要搭電梯上樓的，結果穿過大廳發現住家竟然是在一樓，原來，現在新型住宅大樓，臨路的一、二樓被規劃成店面，沒有臨路的就當成住家，慧君家正好就是後者。她們家位於走道後方、相對安靜。也許是主牆的水藍色系、也許是背景音樂，一進到慧君家，整體場域就有種親切感。

HOUSE DATA

居住成員｜兩人一狗
形式｜電梯大樓
屋齡｜6 年
面積｜共 27 坪（一樓 14 坪、二樓 13 坪）
一樓｜寵物療癒工作室 (客廳)、玄關、廚房、衛浴
二樓｜形象設計工作室、主臥、衛浴、倉庫

「一樓平常是客廳和我的工作室，有個案來時就成為療癒空間。樓上則全然是私空間，有老公的工作室、我們的臥室等。」慧君說話甜甜的、但語調沉穩清晰。

她說：「我想要傳達療癒的氛圍，配色目標是要平靜柔和但不致過冷。牆面以水藍色配上粉黃的白，搭配木紋磚，可以平衡藍色的冷色調。再用木家具、跳色抱枕等家飾品來點綴，創造活潑感。」放在廚房門旁的巴西鐵樹，正好擋住從大門看往工作桌的視線、不會讓進門者一看到底，有視覺緩衝的效果，「它乾淨又好照顧，樹幹會儲水，我

客廳區前方留白及沙發桌處，是進行療癒按摩的區域。右側門通往廚房，在客戶來訪時保持關上。

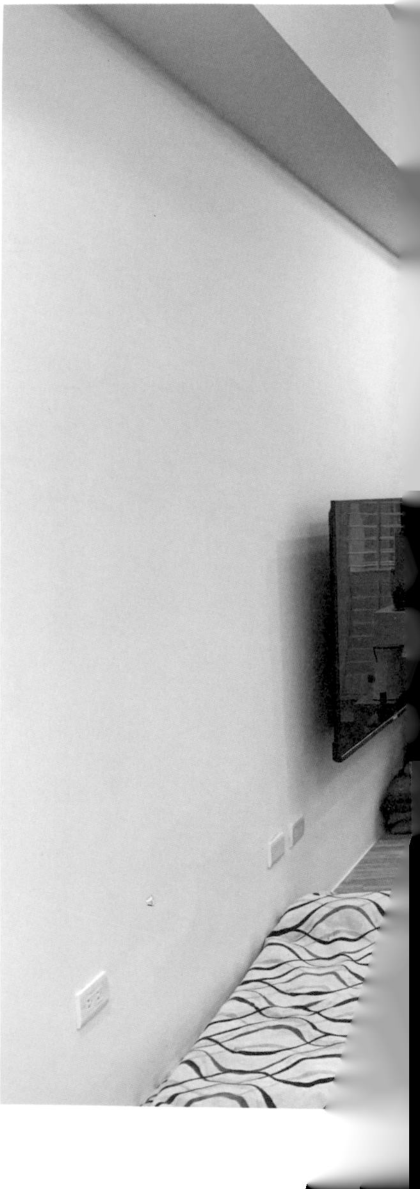

PEOPLE DATA

慧君粉專｜陪你呼呼

官方網站｜陪你呼呼（hoohoo-animal.com）

阿和粉專｜PAVO 形象設計（pavobrandesign.com）

阿和專攻企業識別形象設計，並與其他專業團隊合作，師承王明嘉老師，對形象企劃首重企業核心理念與客戶初衷的呈現。作品包括德國 FHS 醫療諮詢、美國 gliffy、瀋陽知名產後護理中心「台美家」，及台灣各大中小企業等的形象策劃。

1 二樓廊道：

一上樓的廊道，緊接著的空間是阿和的工作室，以透明玻璃拉門區隔。

2 阿和工作室：

阿和工作室：阿和的工作區一側是玻璃拉門，用便利貼將靈感貼在門上，另一側面對臥室，可直視臥室外的綠蔭。

只要每兩週澆一次水、三個月施肥一次就可以。植物天生能帶來療癒感。」

兩層樓，滿足夫妻雙工作室的需求

在搬到林口之前，慧君與老公阿和在新北市最傳統的鄉鎮住了八年。當時是在家長的建議下、咬牙貸款買了重劃區的新大樓，37坪、四房兩廳，他們的成員僅兩人一狗（當時是夫妻倆及柯基犬島輝），空間實在太大，但他們還是很開心，「我與慧君原本各自跟家人住，從未一個人在外面住過。就像拼圖，我們都是在婚後才拼出自己、長成自己的形狀。」阿和說。

然而，真正讓他們感到困擾的是社區鄰居們。「當時，我只要一出門，很容易火氣上來。」等電梯時，愛八卦的鄰居們不但會過問私人生活、也會把其他人的私事說給他們聽。「我們一點也不想知道其他人的事啊！也不需要他們來建議我們、或者參與我們的生活。」

「鄰居愛八卦，待在家裡都沒事、一出門就心

2

1

2

煩。只是一直找不到喜歡的房子，接著又遇到島輝老化生病的事，找屋計畫暫時喊停。」島輝走了之後，夫妻倆經過很長一段療傷期才走出來，為轉換心境，他們決定繼續找房子。

「我們去看屋時，這間房子還有住人，一樓是日式風、二樓是工業風，裝潢多且暗色系，空間看起來比現在小很多。」雖然很喜歡，但阿和還是堅持要巡建築物周遭跟停車場，「林口很潮溼，地下室停車場不能有霉味或潮氣蓄積、窗戶外面也不能有水痕及汙垢。不過還好這裡都沒有不良癥狀。」慧君回想當她進門時，好似感受到溫暖的歡迎。

「我們本來想找三房兩廳的形式，從未想過在電梯大樓裡面有兩層樓的房子！我對這裡很有好感，開門時我甚至聽到『妳來啦』的招呼聲。」我一向相信是「房子找人」、而不是「人找房子」。時機到了，它就會讓你看到、會很清楚知道不必再找了、「就是它了」。

「我跟老公都是自由工作者，在家工作時間較長，分成一、二層樓讓我們有各自的工作空間，真的很棒！」新家的樓梯很平緩、走起來並不負擔，更棒的是，正好可藉由分層，讓一樓彈性做為寵物療癒工作坊，二樓仍保有隱私。如果今天是同一空間的三房兩廳，在公私區隔上就較有難度了！

迎接老病狗狗，首重地板材質、電力安全

交屋後、就要忙翻修了。

「一樓地板原本是光滑的抛光石英磚，這對狗而言太滑太危險。我考慮過軟木地板、超耐磨地板及木紋磁磚，原本最屬意軟木地板，但師傅一聽我們是在潮溼的林口，加上狗兒可能隨地便溺，一直建議我們別用。最後我決定還是選擇無上釉的木紋磁磚好了，它有阻力可防滑，雖然紋路之間可能會卡垢，但我可以定期用水刷洗地板，如果是木地板就不行。」

為了確保平整，原本的石英磚全拆，重新抓水平鋪上木紋磁磚。雖然看起來像木地板，但更好清潔也好維護，就跟磁磚一樣。「我這裡常要接待老病犬，有些會尿便失禁，我都請主人跟狗狗別在意，只要用水刷洗就可以了。」

電力安全則是阿和最注重的部份。阿和指著寵物監視器及空氣清淨機等，「我們這裡有太多24小時插電的電器。」，他發現這裡的插座沒有接地也沒有阻燃，檢測後也發現廚房跟客廳各自有一個插座是沒電的，於是請師傅一併更新。

1 地板改造：
地板換成木紋磚，粉白牆的溫馨襯托著水藍色主牆。

2 廚房改造：
原本廚房的櫥櫃太多太擠、故全拆。流理台高度配合慧君的嬌小身高、去掉上櫃。

3 監視器安裝：
在家經營工作室者，若是有對外接待訪客的需求，可安裝攝影機，以保障雙方權益。

地板、廚房改造

圖片提供＿島輝麻

監視器安裝

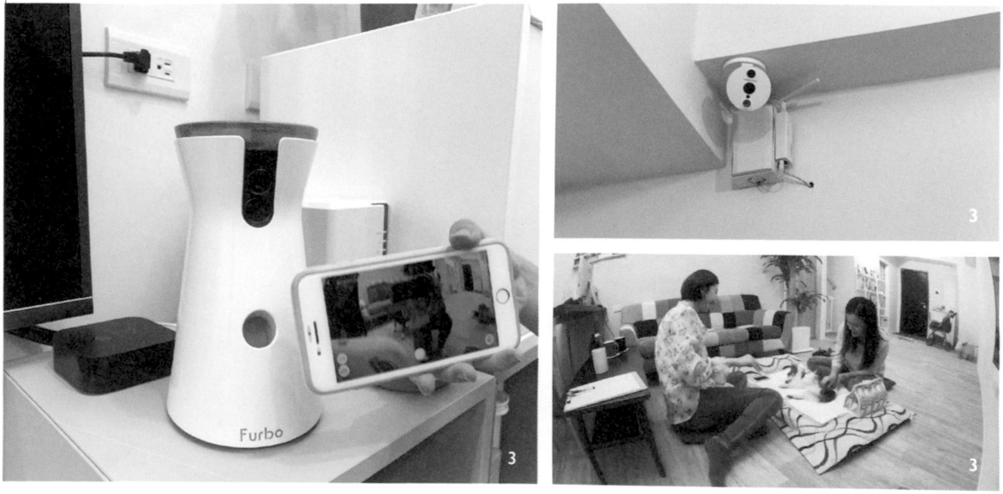

因為愛犬，在「寵物療癒」找到終生職志

原本在設計公司工作的慧君，會轉為寵物療癒師，源於婚後領養的柯基犬島輝。當時島輝對人類有某種程度的不信任及恐懼、加上柯基是牧場犬，只要有點風吹草動就吠叫。

慧君說：「雖然從小家中就有養狗，但爸媽對狗的訓練都是採打罵的方式，狗不乖、打就會聽話了。所以，我一開始教島輝時，也是用打的來教牠，但是，我在牠的眼神中看到恐懼。」

那恐懼的雙眼，讓慧君不忍再打罵下去，透過網路搜尋，她開始學習正向訓練，並遇見了 TTouch 系統，TTouch 系統是一種「結合特定撫摸方法、托提手法及肢體活動」慧君說，觸摸者心態需正向、不強迫、溫和，有助舒緩動物緊繃的肢體，讓動物可以接受碰觸而不會引發典型恐懼反應。

上完第一堂課後，慧君就回家拿島輝試做。

「牠的反應很有趣，那張臉彷彿在跟我說：『天啊！這是什麼東西！』」慧君回想：「牠表情似乎是又驚又喜！接著牠溜走、但沒多久又回來討摸。我繼續 TTouch，牠又張大雙眼疑惑地看我，我都笑出來了！但這回牠沒走，翻肚喬了一個姿勢讓我摸。看來，島輝第一時間就能接受了！」。

圖片提供＿島輝麻

看到島輝如此享受，慧君也開始找其他狗及家人做練習，慢慢練出心得。她說：「我很愛那種感覺。狗兒從不確定到放鬆、到享受，看牠一步一步的釋放自己、是很美好的！」

她總是加倍的做功課、自我要求遠高於老師提出的要求。要取得療癒師證照，課程標準是要交15份個案報告，但慧君雖然也是交15份報告，但其實做了70個個案。只是，在慧君努力學習的同時，島輝卻生病了。

「我是為了牠去上課，沒想到島輝卻在最後一期培訓前離世。當時我非常難過，原本想放棄培訓，內心深處又覺得

圖片提供＿島輝麻 2

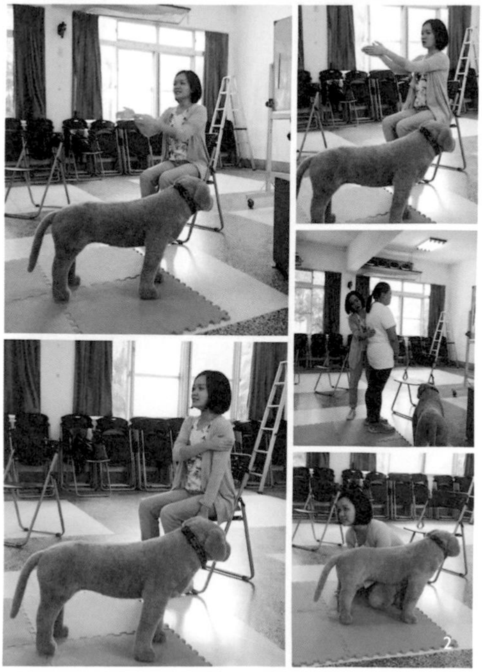
2

1 島輝和島妮：
科基犬島輝（右）雖然已在天堂，但牠的美好仍在主人心中。慧君與阿和的工作室書架旁都還保有島輝的照片。現在則是島妮（左）與他們相伴。
2 寵物療癒課程：
因為島輝，慧君開始接觸寵物療癒的課程，並取得證照。

1 工作用書區：
架上放的都是對她具關鍵影響的寵物書、增加教學演說能力的書，以及寵物小卡。

2 工作桌區：
定期減物的習慣，讓慧君的工作區保持清爽。

牠會希望我去完成。」講到島輝時，慧君微笑中帶著哽咽。

取得TTouch P1療癒師證照後一年半，她又去學習日本Agui肌肉按摩、並取得寵物按摩師資格。從開設工作室至今兩年半了，慧君依然十分熱愛這份工作、持續精進，因此常受邀到相關活動演講，她也樂於將所知所學分享給大家。

然而，慧君也強調，寵物療癒並不能取代醫療。「例如，主人若提到狗兒的行走姿勢出現異狀，希望透過按摩調整，我會先確認主人是否有先帶狗去看獸醫、照X光或水療姿態觀察等。又或者，老狗若已在失智症中期，那一樣要搭配醫療藥物才行。」

目前慧君最常接受老病狗的主人委託，「看著狗狗生病、年老，虛弱的呼吸著，狗主人總是想為牠做些什麼、卻又不知道怎麼做，無助又自責、主人自己也陷入心理困境。」慧君邊說邊撫摸坐在一旁等零食的島妮。

她說：「透過系統性的療癒按摩，主人有了具體方法幫助狗兒。療癒講究心情平靜，**把自己對寵物的關心放在手上、揉進寵物的身上**。表面看起來，似乎只是主人在安撫療癒狗兒，但與此同時，主人也透過這樣的呵護，讓慌亂的心情冷靜下來，自我療癒了！」

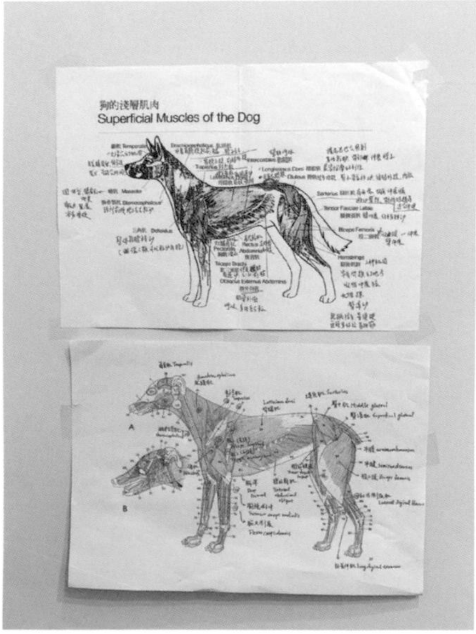

工作牆上貼有專業犬隻的肌肉構造圖。

轉換職場，先做「財務規畫」、「學習計畫」

原本的正職工作雖然也不錯，但慧君看到身邊陸續有朋友，因為公司不穩定而忽然沒了工作，因此開始思考這個問題。

她有感而發的說，「世界上沒有什麼事情是穩定不變的，包括工作及公司。」不禁思考，究竟有什麼工作，是自己能夠掌握，而且穩定又長久的。

寵物療癒師這個工作，看起來像是服務他人，其實自己也得到了滿足。「課程的最後一期我清楚知道，我是喜歡做這件事情的。這方法可以改善人與寵物間的關係，我也能透過這個方法，讓原本不知所措的飼主、有具體的方向幫助狗兒。」慧君說。

就是因為這種三贏的感覺，讓他決定轉向寵物療癒師的工作。

既然有轉職的打算，經濟與收入的預備會是第一步，慧君在轉職前替自己存了兩、三年的生活費，好因應初創業的不穩定。**「有足夠的存款是首要任務。沒有錢，就沒有能力可以選擇。想要做選擇，也要有能力。自由是有條件**

的。不論是在職進修、離職創業，都需要錢。」

即便如此，離職所伴隨的不安全感常會讓人過度努力，結果因為工作太拚，讓身體出了點狀況，儘管那時一個月可以賺到比正職薪水還高，但原先感到開心那種感覺卻好像有些消失了……慧君意識到這一點，重新檢視工作與生活的配比。

「工作時專心工作、休閒時就放空好好休息！」她說，因為夫妻倆都是自由工作者，在時間管理上更得特別注意，不熬夜、早起早睡、飲食正常，是他們對自我的基本要求。

1 二人一狗主臥室：

臥室與工作室相鄰，有一小陽台可看戶外中庭。島妮在臥室有兩張床，一張位於主臥大床旁。

2 減法衣櫃：

夫妻倆的衣物十分精簡，慧君她認為只有減物少物，才能有更多心力專注在工作與生活上。

3 二樓儲物間：

二樓置物間放皮革衣物、攝影器材等，故也會用除濕機定期除濕。

此外，慧君與阿和也很重視自我充實，每隔一段時間，都會在各自的領域進修上課。

他們認為：「不論什麼行業，都不要停下腳步，要一直學習，要有離開舒適圈的勇氣。就像疊磚階梯一樣，把自己墊高，才有辦法比別人高、抓到漂浮在空中的機會。」

就像久未謀面卻又無話不談的老友，我和這對夫妻相談甚歡，他們既聰明又謙虛，生活簡單但渴望持續在工作上精進。對未來持保守嚴謹的態度、但仍渴望靠一己之力幫助他人、以自己擅長的方式傳遞正向價值。

在台灣，寵物療癒按摩還是蠻新的領域，但這也表示是有待開發的市場與商機，期待慧君能持續推廣，能夠造福更多狗主人、建立自在安心的人寵新關係！

慧君、阿和及島妮一家，夫妻倆都散發著堅定而正向的氣質。

是家也是工作室，
空間規畫注意！

Point 1 ＞ 雙樓層梯間止滑設計

樓中樓的空間，上下樓的安全與舒適度都得特別注意，樓梯的止滑墊是剪裁自超薄瑜伽墊，柔和的止滑效果，不論是狗或人，都可以降低上下樓的負擔。

Point 2 > 注意客人與家人的空間感受

在家開設工作坊或小教室，優點是沒有時間限制、沒有噪音或外人等不可控因素干擾、沒有租金壓力等。但慧君也提出幾個重點，看似細微，但都會影響到業主對經營者的觀感，當觀感不佳時，連帶也會對經營者的專業持保留態度。

1 接待區要專業，把私人物品收起來

一樓保持工作室、客廳兩種身分的彈性，和客戶在工作室討論時，慧君也都只放跟工作相關的物品（如筆電、水杯、示範教具等），給人專業與敬業的印象。

這幾年我以消費者的身分，拜訪過一些居家型工作坊。工作室和客廳共用，但沙發上卻放著私人外套、吃到一半的零食，要討論的文件就埋在零食之間，讓人很難進入工作狀態。而這樣的公私空間沒有清楚畫分，專業感不足，會讓人去一次就不想再去。

2 **工作室的家，得留意家人感受**

若和家人同住，客戶來訪前，最好將客戶來訪時間告知家人，也是對家人的一份尊重。慧君工作時，阿和會選擇待在二樓或者外出，也讓島妮習慣自動上二樓。若是一般三房兩廳或兩房一廳，在區隔上更應注意雙方感受，必要時安裝拉門，避免相互影響。

3 **廁所如五星飯店般乾淨，無垢無毛髮**

平時保持一樓廁所的乾淨整潔，當有狗主來時，還會再重新檢視。排水孔、地板不留毛髮，衛生紙至少要七成滿（不能一副快用完的樣子），洗手槽及馬桶內不能有任何汙垢、浴室也不能有異味。

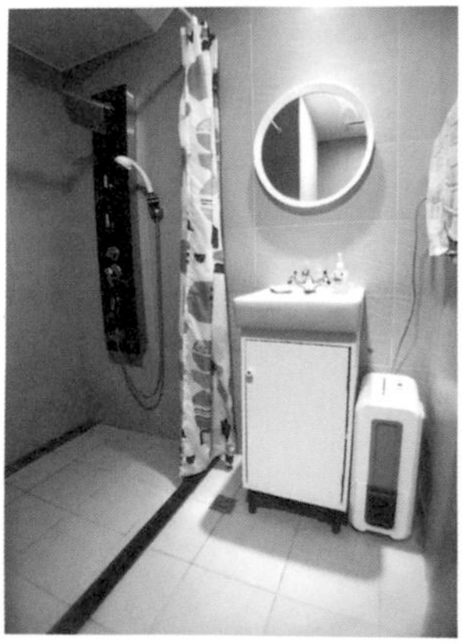

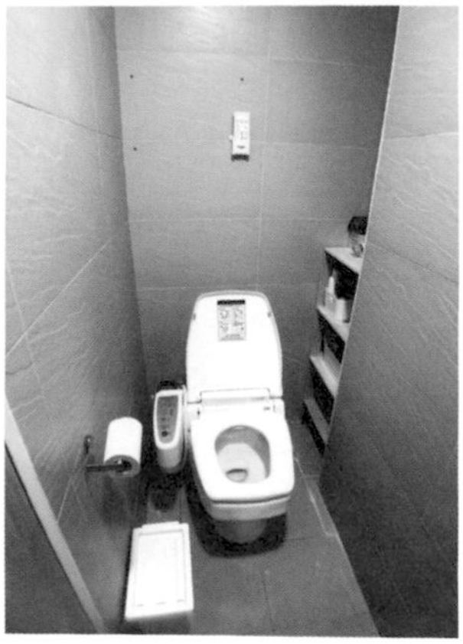

Point 3 > 家有毛小孩，地板挑選首重好維護

除了考量前來的狗狗們的需求，也為了讓島妮能在家安全行動，評估了軟木地板、超耐磨地板及木紋磚：

1 **軟木地板—**
如果有大型犬抓地、跳躍，地板上就會有凹痕或小洞，卡扣式的拼法較難局部更換，加上在較潮溼的林口，有較多顧慮。

2 **超耐磨木地板—**
雖然不怕寵物爪痕，但防滑度不足，且遇到貓狗尿失禁、打翻水等狀況就有疑慮，清潔地板也僅限乾式清潔，適合一般住家，並不適合寵物工作室使用。

3 **木紋磚—**
有阻力可防滑，好維護水刷清洗即可。

最後，慧君選用進口的西班牙木紋磚，質感紋理細緻自然，且一坪材料僅三千多元，價格也很適宜。

寵物療癒空間，使用木紋磚
事後維護與安全性兼具。

Point 4 > 自宅工作室，輕省裝修小撇步

1 **找年輕創業、想累積案量的工班**

建議找剛創業兩三年的工班。從學徒出師自行創業的年輕師傅，通常已經有一定的基礎，配合度高、預算低或坪數小的也接（但希望屋主也要善待年輕師傅、互相珍惜尊重）。

2 **實體店家＋網路找建材，自買材料再點工**

現在透過許多裝潢網站找建材很容易，但還是建議要搭配到實體店面看。有時實體店面賣的建材折扣並不輸給網路，而且店家也能介紹師傅讓消費者自行點工。

3 **廚房拆除過多櫥櫃**

廚房的問題通常會因為固定櫥櫃，造成空間擁擠與不好使用，請師傅拆掉，改為深度較淺的開放式實木置物架，不但物品一目了然，要抽換也十分方便。

Point 1 > 三步驟，做自家的寵物療癒師！

家中寵物因突發狀況而受到小驚嚇時，按照慧君的示範，飼主可即時進行簡易安撫。

1 **輕放**—選擇牠最喜歡被摸的部位，或從肩膀開始，手掌非常輕鬆輕柔的放在寵物身上。
2 **畫圈**—手掌輕柔包覆，畫圈、帶動牠的皮膚，在牠身上持續畫 1 又 1/4 圈。
3 **移動**—待寵物平靜後，可以用手掌或指腹繼續在臉頰、腳、背、胸、後腿持續畫圈，速度要緩和而平靜，慧君形容，就像在跟小孩講童話故事一般。

Point 2 > 寵物療癒師，和你想得不一樣

寵物按摩療癒師聽起來似乎是很時尚的工作，其實這一行，要面對的突發狀況百百種，和一般人想像不同：

1 **療癒師需具備同理心、不妄加批判狗主**
每位飼主與寵物之間的互動狀況都不一樣、對待動物的方式也不一樣，但慧君認為，會帶寵物來療癒的狗主都是非常愛牠們、也想改善困境的，所以不批判「對待寵物的方式」很重要，也是與客戶建立信任的關鍵。

2 **療癒老病殘犬的機率遠高於健康犬**
慧君療癒按摩的犬隻，有近 8 成都是老犬、病犬。罹患腫瘤的病犬味道很重、年老犬可能有尿失禁的狀況……這對她來說是工作的一部分、她也欣然接受。

3 **持續保持自己的正向與內心強大**
療癒工作的一部分，就是陪伴飼主對老病犬的悲傷、不捨及挫敗等種種情緒。因此，保持自己內心的強大、堅定與正向，並時刻覺察，是療癒師最基本的自我要求。

寵物療癒，諮詢收費模式

結合 TTouch 與肌肉按摩手法，幫狗兒身體由淺到深的放鬆，除了可以帶寵物到工作室，也可針對不便出門的寵物，到府諮詢按摩，交通費另計。

時間：小型犬最少需 1 小時、中大型犬需 1.5 小時。
費用：單次諮詢 1～1.5 小時，費用 2,000 元（含入門教學）。

在家CEO 規畫關鍵

1. 頂樓瑜伽教室 獨立空間提升專業
2. 內外雙梯動線 在家教學兼顧隱私
3. 地板鋪設方式 依教學形態而不同

02

屋主年紀

▶40+

頂樓的瑜伽教室，賺收入賺朋友賺生活！

打開家空間，也打開自己的心

身為多年的瑜伽教師，每天有一到兩堂瑜伽課的心宇，原本要來回跑市區，深感日常生活不斷被交通切割，也為了建構更完整純粹的練習空間，她決定把教室移到自宅。透過頂樓空間及增設室外梯的規畫，達成了兼顧隱私、美感及便利的教學要求。前院由內轉外的空間，改造為長椅，成為社區鄰居們喜歡暫坐聊天的小角落。

那是個無風有靄的上午，在新竹縣竹東邊郊的住宅區巷弄內，瑜伽課還有半小時才開始。屋主心宇在巷內掃落葉，學生們則陸續進來準備。

儘管坊間瑜伽課程眾多，心宇的學生量算是很穩定的。每週兩天沒課，每天一至兩班，週末台北教學，每堂課的學生至少都在十個人左右。我納悶，為什麼大家會願意從市中心、遠道

HOUSE DATA

居住成員｜兩大人、一小孩

形式｜加強磚造透天厝

屋齡｜約 30 年

面積｜約 70 坪

半地下室｜餐廳、廚房、畫室

一樓｜客廳、會客區、廁所

二樓｜臥室、私人空間

三樓｜教室

空間設計｜李昕燁 onlylee.tw@gmail.com

心宇在 2008 年走上瑜伽之路，學的是重視體位與呼吸搭配的艾楊格瑜伽系統。兒子也是她的瑜伽課學生。

到近郊的竹東來上課呢？想到一位教瑜伽的朋友，她總說很難做、課常常開不成，看到心宇的學生人數穩定，我忍不住市儈的問：「要如何持續保持這麼多學生呢？有什麼策略或方法嗎？」

「我從未這樣思考耶！」心宇表情略顯吃驚：「我的起心動念只是單純分享。」

在小孩上幼稚園階段，心宇走上瑜伽之路，大約十一年前，體驗過流動瑜伽、孕婦瑜伽、陰瑜伽……，直到六年前全然浸入艾揚格瑜伽。當時瑜伽在台灣才剛要掀起旋風，幼稚園家長得知心宇在練瑜伽，紛紛要求她開課。「當時我是抱著當志工的心態，在學校的父母工作坊開課，初期沒有收學費。」後來學員越來越多，在家長的鼓勵與支持、並取得兩百小時國際師資認證後，心宇才決定要開班授課。

「對我而言，瑜伽從來都不是運動。古典意義上，瑜伽是修行，現代白話簡單稱身心靈整合。除了對身體的覺察和連結，我更希望透過瑜伽看向內在心智、平衡內外層面。」心宇說。

圖片提供＿吳心宇

PEOPLE DATA

吳心宇

1970 年生。國立中央大學中國文學系，國立清華大學文學研究所碩士，艾揚格瑜伽 Iyengar Yoga Level 1&2 教學認證。

網站 | 光長宇練習室 （yogaroomdiary.blogspot.com）

改造後的住宅

1 改裝後的家：
玻璃結構只延伸到保護旋轉梯的部份，外梯直達頂樓瑜伽教室。

2 瑜伽教室：
前方高一階的教室講台，讓學員可清楚看到老師示範。

3 頂樓小吧台：
入口旁有洗手槽及小吧台，可供學員休息時洗臉喝水。一旁為學員的置物間與上課輔具。

4 頂樓小茶室：
與旋轉梯比鄰的小茶室也是小休息區，小茶室的百葉窗除了可以控制空氣流通外、風琴簾也可調整高低遮陽。

在從事瑜伽教學前，心宇原本任職於大學教中文，是一位正職教師。但在教職期間卻越是感到空虛「當時我才二十多歲，人生歷練不夠，卻要教授學生四書五經。這些人生哲理我自己都尚未理解實踐，怎麼傳授給學生呢？」三十歲時她毅然辭職，數年後，緣分到來，邁向瑜伽之路。

心宇有過人的洞察力，在教學時，她不只看姿態是否正確，更能體察學員肌肉伸展的程度，以及學員是否勉強表現，是故能掌握學員身體極限，避免傷害。

然而，正因親身實踐，它的挑戰度跟困難度是更高的。除了自身要不斷精進外，在教授學員的過程中，更要保持自身的穩定與強大。瑜伽學員身心狀態百百種。身為老師，學員的負能量不是斷絕在外就好，她得觀察、感知並理解之後，再轉以平靜及堅定回饋給學生。

把頂樓改成瑜伽教室，方便在家教學

由於每週開課數量越來越密集，幾乎每天上午都需從竹東奔波往返市中心，也希望給予學生們穩定、純粹能量的瑜伽練習空間。七年前，心宇決定乾脆把瑜伽教室設置在自宅。

「我們第一次內部重整、格局大改是在十二

年前，那時頂樓主要是給孩子當遊戲室，把整間鋪上石紋地磚、做簡單的天花板裝潢而已。」心宇說明：「七年前，經過反覆考量，我決定把頂樓改成瑜伽教室。希望這個教室既是可分享的、也可以是私人的。如今，放學和假日時，兒子和他爸爸會在練習室玩男生的搏擊等遊戲，晚上，他們倆也是我的瑜伽課學生，與其他學員一同參與。」

和原先格局不同的，是內部規畫多了小茶室、前後矮榻、置物室、以及水塔樓梯隔間。

側面設置的大收納櫃約可放置二十顆瑜伽枕。「矮榻下方皆設有長抽屜，可以收納瑜伽磚等各式輔具。雖然它們是由他處移來重整而成，但在練習室卻比原處更適得其所。」前方矮榻約一階樓梯的高度，也可當做講台、讓學員清楚看到示範動作。

心宇習慣上課時在講台擺上一束花、以及艾楊格老師的照片，以隨時提醒自己在教學時遵循瑜伽練習的初衷。

旋轉梯直上三樓教室，保有自宅隱私

許多人不願意在家中開設成人課程的教室，多是隱私考量。

「我以前是個比較內向的人，如果有客人預計拜訪，通常會花時間收起私人物品、打掃整理，那時會在意別人來訪時看到家中一切的觀感。」把自家三樓改成教室，心宇也是經過一番掙扎，與設計師 Only 討論過後她逐漸放寬心。

從簡易頂樓空間改為瑜伽教室，最大的翻修部分，就是增設了對外大旋轉梯，因為這一座特別打造的旋轉梯，學員們可以從一樓直上三樓，不需經過心宇一、二樓的私家空間。但心宇和家人，則可以從原本二樓的內梯，直接走上三樓瑜伽教室，十分方便。她說：「有良好的空間規畫，我就可以同時兼顧隱私、以及提供舒服的教學環境。」

前院原本是單純停放機車及單車的空間，他們決定種樹、增建一鋼構玻璃屋。前院空間長寬有限，無法安裝一般階梯，但從一樓到三樓，高度充足，故決定安裝旋轉梯。旋轉梯的階高是親切的，走起來並不會吃力。

而前院牆面局部退縮，讓出一部分朝外、搭建長椅並種樹，讓社區巷內的鄰居們暫坐此處閒聊、貓咪也常來這裡。「我們的巷貓們很愛在這邊曬太陽打盹，可惜今天陰天，不然就可以看到牠們在門楣上、座椅上慵懶的曬太陽，或者專注盯著樹梢的鳥兒。」心宇十分享受前院空間的四季變化，就連學生們也愛在梯間坐著曬冬陽……。

瑜伽要帶給學員的，並非只是技巧，也是心的自我觀看，心宇提供了一個空間，讓彼此有了與自然四季共轉的心境。

1 戶外旋轉梯：

不同於一般旋轉梯給人陡峭的印象，此旋轉梯較和緩，階高約 16 公分，踏面也夠深，舒適與安全兼具。

2 外牆內縮設計：

前院外牆保留舊鐵捲門骨架、局部內縮，成為鄰居們可聊天的坐空間，以及貓咪友善空間。

1

1

2

2

2

1

1

2

2

3

3

1 半戶外小廳：
前院也是非常舒適的半戶外小廳，門口貼著恩師曾昭旭先生的題字春聯。

2 地下室餐廚 + 畫畫空間：
順著地形的關係，餐廳與廚房設在地下室，同時也是畫畫空間。由於後半部座落在岩壁之上，所以仍可有大面積採光。

3 音療空間：
心宇在一樓露台的窗邊另規畫音療的空間，為學員使用頌缽。

3

音療空間

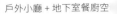

找回身體穩定感，創造人與空間默契

雖然心宇要學員要觀察自己、反思自己，但她強調「反思不代表自責、愧疚與退讓。而是『知道』、『觀看』，而非控制。」

從反思自己到反思住家空間，也是同樣的道理。對心宇而言，房子雖是老屋，陸續處理過漏水、地下室潮溼、更新補強及保養維修等狀況，但**她知道並觀察到，生命與存在的本質是變化，讓她能夠用更平穩的心態來面對一切**。「如果用心，空間和人之間會充滿默契，一起成長變化。」心宇說：「雖然房子已有十幾年歲月，我也在其中經歷種種……包括喜悅與破碎，還是深深覺得這裡有著耐看的美。」對她來說，重點不在完美，而在不同面向（如同不同季節）都得以在其中的完整感。

課後我跟幾位瑜伽學員閒聊，其中一位體適能老師，她說：「這八年來我偶爾遇到生活上的困難，老師察覺後會在課後傾聽我，引領我走過喜怒哀樂。或許沒辦法即時解決我的問題，但她的潛移默化及陪伴，讓我內心逐漸茁壯。」

瑜伽練久了，心情浮動時更容易覺察、自我療癒。

透過學員們爭相分享自己的上課心得，我突然理解為什麼她不必花心思行銷課程、或者運用太多手法留住學生，她的人生就是專注在當個練習者與教學者，不再多花其他心思，學員們看在眼裡，自然會持續學習，學的不只是瑜伽，而是她對這種專注與堅持。

心宇說：「我自己也要練習。我更真實的身份其實是練習者，也持續跟隨我的老師們學習。」

當初教瑜伽的初衷，是想將自我的體會，單純的貢獻出去，她沒想到，一個簡單的意念，不只得到身邊人們的信賴，也慢慢發展成終身職志，創造出截然不同的人生！

透過經驗累積及對生理結構的專業知識，
心宇能夠掌握學員體能、確保安全。

Point 1 > 瑜伽、舞蹈教室地板設計

如果要在家中規畫舞蹈相關教室，有兩個面向要留意，分別是隔音及運動安全。

不論你是什麼樣的建築形式，如果樓下是別人在住，隔音這部分一定要做到。隔音墊也有分等級（STC、Rw、Tx），在挑選時可跟廠商詳細詢問。

若是屬於較劇烈的舞蹈運動課程，也要注意地板保持彈性、避免學員膝關節因反作用力受傷，浮動地板或架高地板是較佳的選項。

木地板施工類型 vs. 適合運動—

1 **直鋪式：**適合全靜態的瑜伽或靜坐教學。
2 **平鋪式：**適合偶爾動態、大多數靜態的瑜伽、太極或伸展式運動教學。
3 **架高式：**適合一般動態之舞蹈或瑜伽教學。
4 **浮式：**適合偶有劇烈（如跳躍）之舞蹈或健身運動教學。

直鋪式

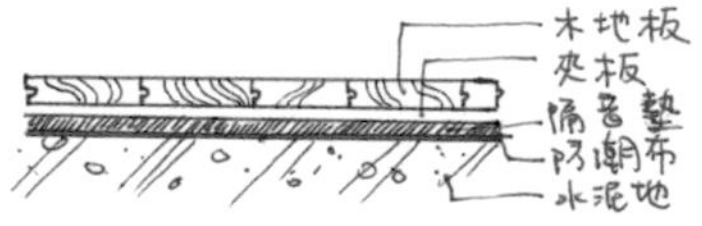

平鋪式

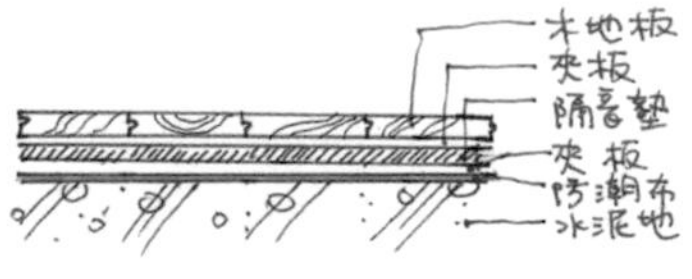

架高式

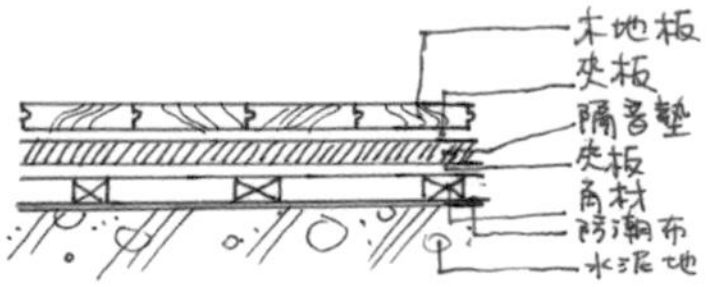

浮式

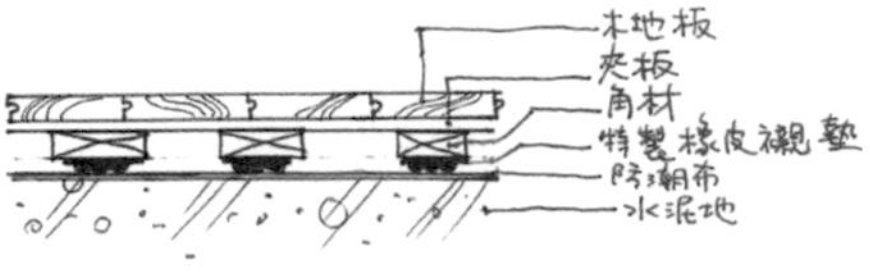

Point 2 > 頂樓空間，空氣對流與散熱設計

三樓瑜伽教室，玻璃結構高處有百葉窗及下推窗，可讓熱氣從高處排出、帶動梯間的空氣對流。順著旋轉梯來到三樓瑜伽教室的梯間。房子朝東南，只有夏日上午較曬、可拉下遮陽簾降溫。

下推窗 + 百葉窗設計

在宅教學，
瑜伽老師這一行

Point 1 > 用瑜伽心法，經營人的關係、工作的關係

心宇並不認為自己有在刻意經營瑜伽教育事業，但是她對自己的要求十分嚴謹，生活中時時觀照自己的內心，間接造就口碑良好的效應。

1 **日日一小時，調整身心**

除了教課外，心宇每天都要花一到兩個小時，自己一個人靜靜的練瑜伽。「我們，都是練習者。」是她一直以來的相信。藉由每天的自我練習，她可以觀照自己的身心。心宇的自我要求是，每一堂課都要在最佳狀態授課，才能讓學員得到最好的收穫。

2 **對學員的理解與陪伴**

也許是相處久了、也許是細心，心宇常能感受到學員的心情，她並不會主動詢問，而是等學員準備好了、想說的時候再說。因為抱著平靜、同理、理解的心情陪伴學員度過低潮期，讓許多學員感動在心。對心宇而言只是略盡一己之力，但這樣的付出也讓學員對她更加信任、也會更勤練瑜伽。

Point 2 > 群體課程＋客製課程，分階觀照不同身心

跟著心宇實踐艾楊格瑜伽的學員，最久的也有七、八年了。為了讓資深學員能夠有更精進、更多元的練習，心宇將課程規劃為基礎一階、二階、修復與呼吸、私人課程等，一年以上的資深學員可自行選擇課程。此外心宇也規劃私人課程，提供客製化教學。彈性多變的課程設計，讓學員可以觀照到身心的不同面向，也能讓學員持續對課程保持熱忱。

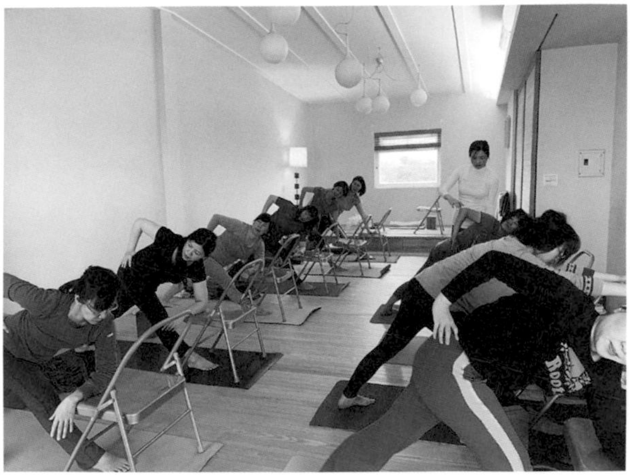

◆在家CEO規畫關鍵

1
雙陽台雙窗台
創造家中植物園

2
活動彈性家具
支援植物課需求

3
順應季節溫差
設計工作休憩區

03

屋主年紀
▶50+

居家綠食園藝師，造園美學是工作也是生活！

兩個陽台、兩個窗台、四種生態，在家上一堂綠植課

站在社區大樓中庭花園，富美要我猜看看，她的家是哪一間？這太好猜了吧！我指著左側頂樓唯一有滿滿植物的陽台，果然答對。不只是綠陽台，他還透過家居環境及週邊自然資材結合功能使用，並設計了「居家綠食園藝」課程，分享綠色美學生活。

拜訪富美那天，雨始終下不下來，悶熱潮溼的氣候讓我汗流浹背，進到富美家，原本預期一般住家都會在這時候開冷氣，尤其她家又是最高樓層的九樓住家，萬萬沒想到……一進她家，發現溫濕度跟室外雖然差不多，但卻有風吹在皮膚上感覺，相當舒服。

「我家沒裝冷氣歐～」富美調皮的笑了一下。我看了一下裝設窗型冷氣的位置，果然，是一片完好的玻璃固定窗。

富美家的綠意從陽台延伸進屋，加上室內對流系統很好，涼爽空氣自然流入。

HOUSE DATA

居住成員｜一人

形式｜電梯大樓

屋齡｜25 年

面積｜約 22 坪

格局｜三房二廳二衛

「我現在算是半個農夫，要練習適應一般室溫、調節身體呢。」雖然是這樣說，但她家屋頂上並沒有用鐵皮屋頂遮蓋，等於是直接面臨陽光炙曬。若是在下雨天、冬天可能還好，但夏天怎麼受得了？！

頂樓不吹冷氣，靠通風降溫

我是個汗腺不發達的人，中暑成為我在夏天的常態，因此我很難理解富美竟能忍受夏日的頂樓生活？

「遷移啊！」因為吹冷氣會讓她產生窒息不適感，富美說她一到夏天，上午八點以前待在東南側的客廳、書房，即使陽光已經照到陽台，但因為有植栽緩衝，一點也不成問題；八點之後，陽台已經烤熟，熱會竄進客廳，這時就得『搬家』了。」富美開玩笑說著。

「可能是因為家中很通風的關係，沒曬到跟有曬到的房間差了五、六度。」早上八點，若人待在家，就會帶著書與筆電移到西南側的廚房、或者廚房外的小陽台。

PEOPLE DATA

蔡富美

曾於園藝門市服務設計二十多年，以及新竹題陞有機農場、千甲生態農場。目前於竹東經營《愛綠家居實境體驗工作室》。課程包含：居家園低碳園藝運用、組合盆栽實作課程（3 堂）、友善農耕食農實作課程、早餐廚房（2 堂）、陽台可食風景、環保酵素製作、廚餘堆肥製作等。可針對需求設計系列課程，4 個人成團，亦可上單堂或主題連續課程。

FB｜蔡富美

她在廚房及小陽台請木工師傅釘可摺疊收合的南方松實木檯面。在這兩處待到下午四點，溫度都還算可接受範圍。

「我家的對流系統很好，只要打開前後窗，乾淨的涼爽空氣就會流進來。」吃完晚餐後，只曬上午時段的客廳已經變涼了，晚上時段就再移回客廳。

「三年前，我看一眼就想買下，主要是因為仲介帶看時，在門窗緊閉的狀態下，我並沒聞到任何霉味、怪味。」富美說她看房子，先用眼、接著就會用鼻子聞嗅。

「打開窗戶風就馬上吹進來，十分舒服，當時房子都還沒上網登錄，仲介知道我的選屋條件較特別，拿到物件馬上就通知我看屋。」

打造綠教室與綠植家，先從空間觀察開始

成交後，富美並沒有馬上翻修處理，她先擱置三個月，偶爾過去看看，之後在空屋的狀況下「入住」，睡地板、待在屋裡一邊觀察、一邊開始請朋友推薦工班。

「我待在客廳邊角，看著陽台陽光慢慢滲入、漫延在地板上，心想如果擺上一般的笨重沙發及矮桌，這片晨光就會被遮住，太可惜了。」她開始場景預設：「我自問，如果不希望陽光被擋住，要怎麼做？喔～選擇高腳桌椅、讓光線可從家具下方透過啊……櫃子底板可用玻璃取代木

綠陽台客廳

before

圖片提供＿蔡富美　2

1

綠陽台客廳 Before & After：
客廳原本呈現空屋的狀態，規畫後的客廳不論是桌子或櫃子，均以無防腐處理南方松為材料。

板，即使是高處的垂直櫃面光線也可以穿透。還有，我要在家開設小教室，家具最好能堆疊收納才好彈性變動。」

富美家西南側及東南側都剛好鄰近建物、加上大樓口字型結構可遮陽，白天時，客廳並不會一早就曬到，太陽必須高過對面的建築物、才會曬進她家。

當午後太陽偏西南側時，正好也有大樓可以擋陽光，四點半到五點之後，陽光就照不到了。

此外，客廳陽台下方是棟距夠寬的綠意中庭，「四面被住家包圍的中庭形成垂直通風路徑，冷空氣蓄積到一定程度，與熱空氣產生垂直對流。因此家中的前後陽台只要開窗，就可形成室內空氣的水平對流，站在客廳陽台，常可感受到涼風從腳底吹上來。」

富美有敏銳的環境感受力，透過四年多的調整與實驗，用植物系統作空氣清淨機及遮蔭綠窗簾，天時地利人和，讓富美在家得以成功「避暑」。

1 廚房工作桌：

從客廳通往廚房，會看見廚房裡還有一個工作小桌。夏季早上 8 點之後若在家工作，便移往此地。

2 後陽台休憩區：

廚房陽台位於西南側也設置了工作區，夏季三點之前氣溫都還算適合、再晚一點就熱了。

廚房工作桌

後陽台休憩區

從園藝到習農，創造新生活

從二十多年婚姻回到單身的富美，搬到這間頂樓公寓展開全新生活。

「一個人生活，對我而言真是一大轉捩點。你一個人，不再有任何藉口、沒有攔阻與束縛。你完全可以決定自己的生活，問題是……」富美頓了一下：「也要知道自己想要什麼樣的生活？，如果不知道自己要什麼，就只能重新摸索。」

富美之前在大型園藝門市上班，她說：「極度繁忙的園藝店就是我的生活、家庭與工作。我身邊的大多數人也非常努力工作，對自己的家庭、工作也有責任感。可是並沒有人把照顧好自己的身心靈，當作最基本的功課。」

「延伸到大自然也是啊。有些自然環境原本好好的，為什麼我們加進去就搞砸了？」

從婚姻走出來後，富美原本感到害怕又不知所措，但在農場當都市農夫，讓她的心慢慢沉澱專注，累積了勇氣與信心。進而決定從園藝轉到農業。

書房綠窗台：位於東側的書房原本也是空無一物，搭好花架後，窗台成為書房最療癒的視覺焦點。

圖片提供＿蔡富美

書房裡的綠窗台

她說：「習農，可幫我照顧好自己的身體，而且我也能結合園藝與農業授課，讓學員們體驗園藝之美。在務農三年以及食農領域四年之中，我感受到土地溫和無窮的包容力，在實踐低碳美學的生活型態中，找到了我要的生活。」

與植物的近身接觸，讓她每日的飲食及家事都與天然資源緊緊相扣。

「我盡量做到食材只進不出、廚餘物資循環最大化。」她把蔬食，果皮、菜梗等生廚餘，放到陽台的透氣土壤堆肥箱分解發酵，等熟成為堆肥土後、就是陽台植物們的有機土養分。

香草、柑橘類及好照顧的蔬菜（如地瓜葉）成為她飲食的一環；多肉、草本植物則是組合盆栽的材料。家事的部份，她推薦使用苦茶粉洗碗，自製水果酵素除蟲、拖地、洗馬桶。必要用到肥皂時，就使用最基本的南僑肥皂。

結合園藝、飲食與家事三元素，規畫「居家綠食園藝」課程

「二〇一九年春季，我開始在竹東社大開課，想要更深入學習居家運用的學員，就可以報名來我家上課共學。」富美希望讓坪數受限的都市人知道，即使在城市中，也有機會營造綠家居、有機會在家中親近自然。

蠻特別的一點是，富美種植物的容器，有很多都是她在社區回收分類區找到的物品。

諸如童軍繩，可以編織成吊籃置放多肉植物。一格一格的不鏽鋼烤肉架，則成為懸掛空氣鳳梨的格架。別人眼中的廢棄物、來到她家搖身一便成為放置植栽的介質。此外，路邊的雜草樹葉，是堆肥裡蚯蚓和微生物的美食，野草結穗乾燥後也是裝飾美物。

撿拾回收物，的確可再利用，不過根據我的觀察，有些屋主撿的速度比再利用的速度還要快，導致家中變得更擁擠髒亂、影響生活品質。富美倒是控制的很好，她家雖然也有許多植栽與擺設，但並不會有凌亂感。**「只帶回真的有需要、好用的物品就好。」**是她一概的原則。

聊著聊著，突然一聲巨大的雷聲，接著就是午後雷陣雨，真是令人振奮，下完雨會涼爽許多。

「植物跟我就好像生命共同體。植物長得好，我才能過得舒服。」

圖片提供＿蔡富美

她這麼說。

充滿正向樂觀的富美自我期許：「今年年初在這棟社區公寓經營個人居家工作室，算是我五十歲後開啟的第一個斜槓人生。希望透過這樣的生活實驗，能夠讓更多朋友感受到低碳綠家園的美好！」對她而言，目前植物唯一無法取代的成就感，就是她從教學中得到的回饋，不但感受到自己的社會價值，也得到許多珍貴的友誼！

廚餘變有機土

雜草堆肥

回收容器做花器

1 客廳就是教室：
學員們到富美家中上居家綠色美學課程。當客廳要變成工作坊時，左側的桌面可移動、加寬大桌的寬度。

2 園藝課程：
廚餘變有機土、雜草堆肥、回收容器做花器。

家裡就可以打造園藝工作室

Point 1 > 家的植物教室：兩個陽台、兩個窗台、四種生態

富美家的陽台正好是對向，而且都是太陽照得到的角度。只是有些建築物遮得較多、有些則是日照較多，因此適種的植栽也不同。

1 **東側（客廳）→耐陰植物、空氣鳳梨**

客廳陽台面積約有一坪大小、屬長形空間，因應上午的日曬，富美種了旺旺樹（原名：山菜豆）。屬小喬木類、半日照耐陰且枝條柔軟，當它長得太高，可轉枝條方向或修枝，以免高出欄杆太多。而空氣鳳梨也剛好喜歡半日照、陽光但漫射的通風環境，種在東側陽台都長得不錯。

2 **東南側（書房窗台）→蕨類**

書房側的小窗台，因格局內凹，上午時段幾乎曬不到，只有散射的自然光，加上內凹造成空氣對流較緩，澆水後較易滯留濕氣，種蕨類長得最好。

3 **西側（廚房陽台）→柑橘、肉桂、觀賞型草本**

柑橘與肉桂皆屬於半日照喬木，故種在西側會更勝於東側。樹蔭下富美也種了許多耐陰草本植物，諸如紅鶴芋、吊蘭、左手香等。

4 **西南側（臥室窗台）→香草、多肉植物**

西南側的小窗台，條件跟廚房陽台差不多，但因面積狹小僅能種草本、小灌木及多肉植物等。這處有半日照日曬，通風甚佳（甚至偶有建築地形產生的強風），故空氣較為乾燥，適合種喜歡乾爽的香草及多肉植物。

東：耐陰植物、空氣鳳梨

東南：蕨類

西：柑橘、肉桂、觀賞型草本

西南：香草、多肉植物

Point 2 > 陽台種植物 2 大注意事項

運用陽台空間種植大量綠植，除了考慮到日照方位、植物品種、以及維護照料外，如何讓植物有層次、讓綠植創造美感，亦是重點。像富美就運用回收的小型格柵鐵架，在陽台搭出高低差層次，以便擺放更多植栽。此外，還要注意自己的陽台綠生態，是否會影響到樓下鄰居，因此得特別注意兩件事：

1 **排水防水要做好**

排水：園藝用陽台排水板，以免植物爛根。

防水：鋪塑膠帆布、以免滴到樓下。此外，可以在陽台地板鋪活動式架高戶外專用板材，可避免落葉花瓣阻塞排水孔。

2 **種植容器影響生長**

建議使用大型容器，系統穩定性愈高。此外，容器選擇透氣性高，植物生長根溫較符合生長常態，而選用網籃內襯紗網與椰纖以防土漏出。

鋪設活動式架高戶外專用板材

椰纖殼控制植栽生長範圍

以椰纖殼當最外圍的系統邊界，第二圈放中盆、最內圈再放單盆植栽，讓水份不會直接從小盆滴滴答答流出，且可控制植栽的生長範圍。

Point 1 > 累積跨領域實務→走出去→邀進來

都市居家美學園藝，表面上聽起來似乎是個蠻受歡迎的主題，但雷聲大、雨點小，主要是大多數人都還停留在「去園藝店買植栽回來擺就很綠了」的認知。而富美希望推廣的是，透過自然農法，順勢營造陽台微氣候與美學，結合農學、美學與園藝，算是很獨特又混搭的觀點。

她想經營這樣的課程，勢必要先讓更多人體驗它的美好。因此，富美的居家綠農學綠園藝規畫成三階段：

[階段 1] **累積跨領域實務**

富美有豐富的園藝美學經驗，但對自然農法、務農這塊較陌生。有鑑於此，她每週通常會安排三天以上，到近郊農場務農，藉由實務觀察，了解植物、微生物、土地之間的生態循環關係。偶爾農友還會分享農食經驗，如醃漬洛神花、檸檬醋的製作等，間接增加了不少教學題材。

[階段 2] **走出去**

在社區大學授課、社區活動參與，成為富美搬到竹東後，交朋友及推廣理念最快的管道。她教大家容易上手的立體相框盆栽，讓他們有成就感，進而分享自然農法經驗與實務，累積了第一批認同她的學員，以此累積口碑，逐漸吸引更多有興趣的人來參與。

[階段 3] **邀進來**

社大的眾多學員難免來來去去，留下來持續學習的，就是富美想讓他們體驗居家園藝農學的主要對象。透過來家中上課，親自體驗如何在城市住宅中，實踐陽台微氣候微生態的創造、及居家食材資源的再利用。

社區大學教學

圖片提供＿蔡富美

垂直相框組合盆栽

◆在家CEO規畫關鍵

1. 即使是租住，也能規畫出專屬工作室
2. 留白不客氣，突顯工作室的簡潔自信
3. 在家接預約，也另提供到府諮詢服務

04

屋主年紀

▶40+

連結你家與我家！穿搭諮詢師的「型動」衣櫃

穿搭顧問，

讓你沒身材也能穿出自信！

工作室位於高雄市區的為麟是穿搭諮詢師，老公是商品人物攝影師。他們租下三層樓透天，一樓是太太的穿搭諮詢工作室；二樓是先生的攝影工作室兼住家，透過口碑式宣傳，短短一、兩年內，就累積不少忠實客戶。

我是在網路上發現為麟的，看到她的臉書寫著「專屬個人服裝穿搭顧問」，充滿自信且穿搭得很有個人風格的大頭貼，馬上被她吸引。

為麟是服裝設計師出身，在服裝時尚界備受肯定，得過多個專業獎項。原本的理想是要創立一個「無標籤」品牌，重新定義服裝跟時尚之間的關係，但在市場調查之下，發現大部分人並不擅長找出適合自己的穿搭，只會依著潮流與名牌來打扮自己，反而穿不出個人特質。

HOUSE DATA

居住成員｜夫婦、一小孩、二貓
形式｜大樓社區前排透天
屋齡｜5 年
面積｜單層約 20 坪
一樓｜工作室、倉庫
二樓｜攝影棚、餐廳、廚房
三樓｜客廳、臥室、小孩房
（註：本文照片皆由劉為麟提供）

服裝設計師出身的為麟，以服裝穿搭工作室為不同的女性找到自己的風格。

「只有穿出個人特質才會被記住。」不同於造型師，為麟認為穿搭顧問要先瞭解委託人的個性與偏好，循序漸進的提供穿搭建議，比較不會產生排斥。而且她強調穿搭具永續性，不應隨著流行更迭而過時。

他的諮詢服務很特別，除了工作室進行諮詢外，也提供到府檢視客戶衣櫃，依客戶現有的衣物進行搭配，若客戶有意願也可以添購她帶去的款式。

發掘出「不知道自己也適合的穿搭」

多年來，因為懶得搭配，我習慣以短版寬鬆上衣，搭配男友褲、球鞋。同款衣服我會買上三、四件，認為這樣就不必每天傷腦筋要怎麼穿。從另一種角度來看，這也算是鴕鳥心態，不會穿搭，乾脆不要去想。

但是，和為麟聊過後，打破我對「穿搭」這件事的古板印象。原以為我的生活及工作，不太需要考量服裝搭配，但為麟強調「人都需要穿搭」，巧妙的穿搭甚至可以轉換心情與性情。剛好隔月我有一場邀約要進行錄影演講，也許可以驗證她的說法，於是就跟她預約了一對一穿搭諮詢。

PEOPLE DATA

劉為麟

個人專屬服裝穿搭。提供服裝設計、造型、線上穿搭諮詢、專屬選品建議，亦接受穿搭課程、穿搭講座邀約。工作室位於高雄，可預約前往工作室接受諮詢。亦接受到府服務。

FB｜「劉為麟 Ivy- 專屬個人服裝穿搭顧問」、「100% Boutique」

諮詢當日，為麟先說明與委託人第一次碰面時，會透過實際的身形範例照片，讓我認識自己的體型屬性，以便引導我掌握穿搭原則。

一開始她先告訴我：「體型通常分為Y、A跟H型，也就是上寬下窄、上窄下寬及等寬。」我屬窄肩、平胸、窄臀的H型，這種沒有什麼身體曲線的體型，卻意外地被歸類為衣架子。

為麟先拿出一件黑色蓬袖讓我試穿。蓬袖對我而言，是非常誇飾的服裝造型，我認為那是比較「公主」風格的人才適合，怎麼可能適合我？基於好奇心，我還是試穿了，結果頗讓我訝異的是，這件衣服呈現了我的另一面……比較精緻的我，儘管，下半身還是穿著我平常穿的男友褲。

看著鏡中的自己，既陌生又熟悉，接著她又拿出另一件深藍色的七分蓬袖，並搭配我一直認為不適合自己的寬褲……咦？！沒想到竟異常的適合我。

「你怎麼知道我也有這方面的個性呢？」原來，為麟在幫委託人挑衣服時，也會透過閒聊掌握對方個性，她發現我「隨性中帶有原則」的特質，並將之轉為她的服裝語言，就搭配出「連委託人也不知道自己適合的穿搭」。

通常，我們從雜誌或電視上接觸到的穿搭資訊，都是告誡我們「不能穿」什麼，例如，臀部寬的人不能穿緊身褲、A字裙，胖的人不能穿橫條紋等等……。為麟以我當天身上穿的短袖T恤為例，我平常沒習慣紮衣服，若衣服過長，常讓身形看起來過於等比，「把衣服紮進去褲子看看。」

說來也神奇，紮進褲子後，不但看起來腿變長、也顯露出腰身，整體看起來有元氣多了！她說明，若是寬鬆襯衫也是一樣的效果。短短一小時，我們試了二十款搭配，好似上了一堂「重新認識自己」的課。

不禁感慨，我常透過工作、閱讀、與朋友聊天來認識自己的**內在**、覺察自己的心理活動，但卻長期忽略了**外在**，早上起床除了刷牙洗臉，並不會特別花時間照鏡子。透過這次的諮詢，我才知道，人，還能夠由外而內影響自己。

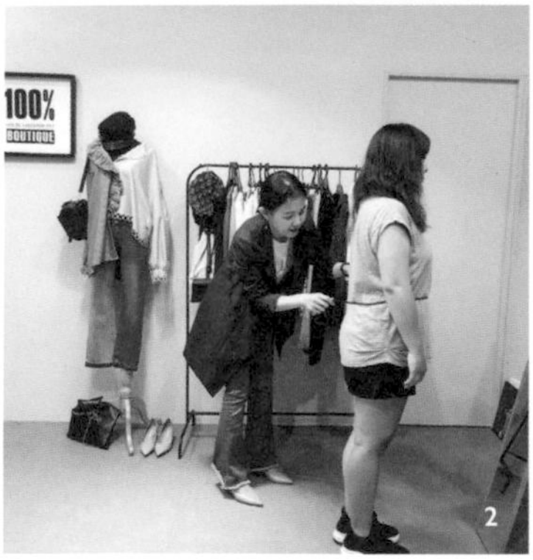

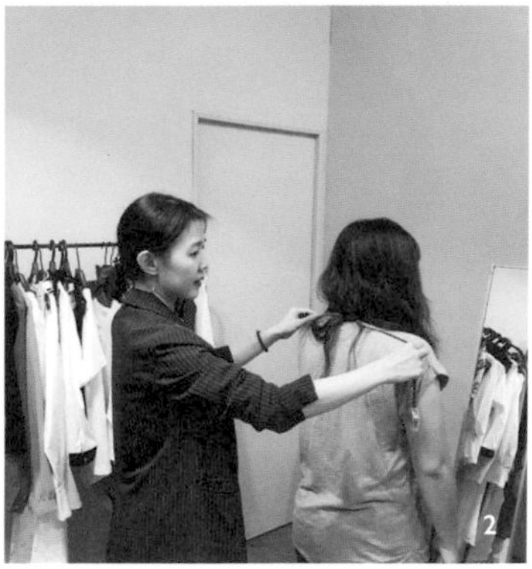

1 體型諮詢：

為麟先讓委託人認識自己的體型屬性，以便掌握穿搭原則。

2 穿搭示範：

同一個人，透過長版外套、藍色洋裝，呈現出截然不同的氣質，但也不會顯得突兀或不搭。

自在工作室，與委託人如姊妹淘般互動

為麟的委託人遍及國內各地。雖然她的工作室在高雄，但她幾乎每兩週都要往北部跑一兩趟。尤其是季節變換時，許多老顧客都會固定找她買新衣。據我的觀察，能讓老顧客持續買單、甚至對她產生依賴的關鍵，主要是她在專業之餘，仍給人自在、無壓的感覺。

當我在換衣試穿之際，她就順勢跟我的狗玩自拍，很像姊妹淘來訪般的自在。當我不知要選哪件時，她又能適時提出專業看法，幫助我釐清最關鍵的選項。

雖然為麟會準備很多衣服讓人試穿，但不會要求客戶照單全收，反而希望委託人誠實面對自我，只選擇真的會穿的衣服。在看了委託人衣櫃後，若有類似款式，就建議以現有的衣服變化一下，她說：「我外婆常說穿衣服要會『揀衫』，意思是，透過折袖、把衣服紮進去、立領等外力調整，一樣可以穿出造型、穿出影響力。」

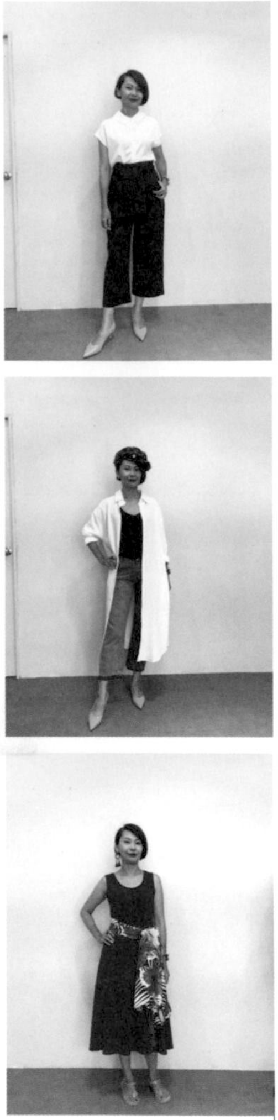

穿搭示範

穿搭記錄：為麟會透過手機拍下諮詢過程中的各種穿搭，供委託人日後自行複習參考。透過諮詢，我穿上這輩子從未擁試過的七分蓬袖、長版西裝外套與寬褲，看到了另一種自己。

穿搭記錄

1 一樓穿搭工作室：

為麟的穿搭諮詢工作室，一進門的端景效果非常簡潔有力，這也是為麟對服裝的訴求：關鍵搭配。工作室的中間是留白的，便於幫委託人量身、穿衣及討論。

衣架上的衣物，多是針對當次預約的委託人需求預做準備。大門旁的角落是為麟的每日主題造景，她會依照心情或拜訪者的特質，事先把氣質相投的衣服穿在 model 上。

2 二樓攝影工作室：

二樓前段是為麟老公的「RJ Studio」攝影工作室，」以商業攝影、形象攝影為主。二樓後段是餐廳、貓屋及廚房，餐廳與貓屋之間以書架區隔。但貓咪們是可以在二樓自由活動的。

2

2

2

穿搭規畫，讓職場更吃香

曾經有位女士委託為麟，希望她幫三十多歲的女兒改變穿著。她在職場穿著太過居家、再加上不夠積極的工作態度，十多年來都沒升遷，始終沒獲得主管的青睞。

「那位女孩其實身形長相都不錯，就是太不在意穿著，常穿鬆鬆垮垮的連帽T與休閒褲就去上班，母親買的洋裝、套裝她都不想穿。」

為麟說：「我請女孩帶她現有常穿的衣服來，先跟她聊、瞭解她的想法。原來，她喜歡舒服服的寬鬆穿著，抗拒穿硬梆梆的套裝。」

瞭解狀況後，為麟從她的衣服中挑出有領襯衫，再幫她搭配一件褲裙。褲裙寬鬆穿起來舒服、遠看起來像裙子，把襯衫紮進褲裙中，身形整個變高挑也變得更有自信。再幫她搭一件簡版西裝外套，就可突顯ＯＬ的專業氣質。

「在討論的過程中，我一再確認這些是她能接受的款式，唯有她能接受，才能穿的既舒服又自然。」為麟鼓勵她穿去上班，感受看看有什麼不同。之後，女孩提到這樣的穿搭讓自己更有自信、也更積極。她甚至主動回購三、四次。「可以明顯感受到她從原本的沒有自信轉為外向活潑。」為麟欣慰的說：「我是不意外，許多委託人都因穿著而改變氣勢與氣質。最棒的是，帶來自信與滿意。」

另外一位委託人是居家整理師。她的困擾是，不知要怎麼穿，才能呼應自己的職業。為麟與她談過後瞭解到，整理師這行業，發源於日本，透過與屋主討論釐清物品狀態、再協助進行整理，並分享收納及斷捨離技巧，改善居家環境跟生活品質。

偏偏這位整理師之前到府服務都穿簡單的T恤及牛仔褲，因為太過休閒，屋主常會把她的工作跟清潔人員搞混。

聽完整理師的職業特色描述後，為麟將穿著定義出「日系、簡單、親切」三要素。透過日系造型的白襯衫、牛仔長裙或米白長裙，營造出親切居家的形象，且兩件式的簡單優雅穿著，也呼應整理師的職業定位。

有了穿搭原則，這位整理師能夠讓自己的形象更聚焦。由於穿的是裙裝，屋主也可以清楚知道，整理師不是來幫忙打掃的，而是來提供建議與方向的。且與屋主討論的過程中，也因穿搭合適而讓人感受到專業氣質。

整理師職場穿搭：透過諮詢，整理師找到吻合職業的裝扮。這是她在家中練習的穿搭，回饋給為麟。

未來預計規畫穿搭教學課程

為了讓委託人在諮詢當天能夠迅速跟上，為麟會提供一份穿搭指南，委託人在諮詢前得先閱讀完畢，有個基本概念。

諮詢完畢後，為麟會鼓勵她們「交作業」。她說「我希望她們把衣櫃裡的衣服都拿出來練習搭配，並拍照給我看。這樣我才能確認她有掌握到穿搭原則。」搭配有誤的，她會以紅線圈出、解釋修正，真的頗有老師批改作業的模樣。

「不同於坊間主打時尚流行，我主打的是貼切生活、工作的永續穿搭。未來我希望規畫系列穿搭課程，甚至培訓其他顧問，讓我的理想與 know how 能夠傳遞開來。」

與為麟閒聊的過程中，我發現為麟對穿搭、跟我對住家的價值觀很像。

如同一直以來我相信的：「**人住房子、而不是房子住人**。」相同道理，為麟也說：「**人穿衣服、而不是人被衣服穿**。」，只要找出適合自己的穿搭，即使不是當前正流行的款式，也可以塑造出專屬個人的優雅與得體！

工作室的角落，會擺放為麟具有風格的主題穿搭。

JERRY

Point 1 > 穿搭諮詢師的配備

單人諮詢的場地由客戶決定，可約工作室現場諮詢、到府諮詢或在公共空間，如餐廳、咖啡館（到府諮詢僅提供女性委託人。男性委託人僅接受工作室諮詢及店家陪購。）。如果是在工作室諮詢，通常會建議委託人帶著常穿衣物來現場。通常，穿搭師的配備會有以下這些：

1 **筆電：**
提供相關範例照片讓委託人可以看圖了解。

2 **行李箱：**
針對諮詢人數，決定行李箱大小。一對一諮詢小行李箱就可放約十多件衣服，若是團體諮詢，會用到兩三個大行李箱，還得出動專車。

3 **相機（手機）：**
幫委託人記錄、拍下每一款穿搭，並事後進行討論。

穿搭諮詢師收費方式

委託人提供相關需求、體型資料。約定時間地點，進行一對一指導或陪逛挑選。可以是主題式（例如演講、聚會、工作）、也可以是平日生活穿搭。另提供「型動」衣櫃，團體穿搭諮詢。

❖ 一對一諮詢：每小時收費 1,200 元，服裝費用另計。
❖「型動」衣櫃：單趟收費 3,600 元，可抵消費。（高雄以北費用另計）
❖ 穿搭講座：講座收費每小時 3,000 元，可視需求搭配。
❖ 特殊需求：授課、顧問、其他合法及符合道德的各種活動，專案價。

Point 2 > 「型動衣櫃」，專為姊妹淘、團體設計

為麟推出的「型動衣櫃」，有如移動服裝店的概念，讓她可以推出團體型的到府服務。相較於一對一，團體型的互動更有趣，相對要帶的衣物配件就要兩、三大行李箱，頗有挑戰性。諮詢內容包括穿搭風格建議、商品清單推薦，也可結合講座。大家聽完了全面性的解說後，就更清楚要怎麼選擇衣服。

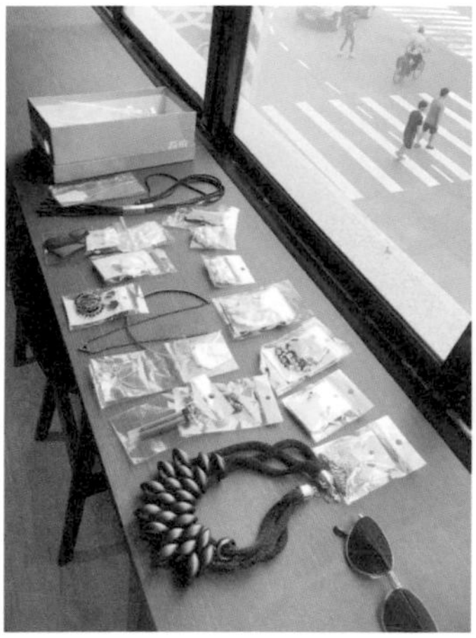

Point 3 > 「個人穿搭顧問」的三心二意

這幾年經營下來，為麟認為對自己身為穿搭顧問的期許是「三心二意」，三心是耐心、貼心與細心，二意是在意與滿意。

1 **耐心**：傾聽委託人的想法，引導他們對服裝穿搭的心裡話。
2 **貼心**：給予正面讚美，提供撇步讓衣服可以放大優點、修飾缺點。
3 **細心**：比委託人還要更覺察小細節，給予他們畫龍點睛的效果。
4 **在意**：讓委託人開始在意穿搭，把它視為一種樂趣、習慣。
5 **滿意**：透過諮詢與試穿，讓委託人對新的自己感到滿意。

穿搭諮詢工作區，這樣規畫！

Point 1 > 極簡裝修，讓衣物成為主角

由於承租的房子還算新，加上是租的，故二、三樓不做額外裝修，僅一樓前段的工作室做簡單的油漆粉刷及照明配置。一樓後段則是倉庫區。除油漆粉刷外，空調系統安裝、工作室照明、家具衣架等加總起來約在 20 萬內搞定。工作室空間規畫重點為：

1 **只擺放適合委託人的衣物：**掛在衣架上的衣服配件，主要是針對該次預約委託人的選搭。透過極簡的擺設、少量的衣物，明顯區隔出穿搭工作室與一般琳琅滿目服裝店的不同。
2 **需有充足的照明：**充足照明的暖白光，呈現衣服真確的色系。
3 **需規畫更衣室：**更衣室及更衣區方便委託人試穿。
4 **需留有庫存區：**只放會用到的衣服到工作室，庫存都集中後後方倉庫。透過極簡清爽展現專業度。

工作室有兩個門，右門是更衣間、左門是通往庫存區及二樓的動線。

◆在家CEO規畫關鍵

1 窗邊作畫區 精簡小創業

2 寵物與綠植共伴 一人時光不孤單

3 私廚空間 同事食堂微生意

05

屋主年紀
▶50+

家的微生意！寵物水彩素描＋上班族共食餐桌

給自己 50 歲的禮物，
注入愛的寵物水彩畫打動飼主的心

美惠的家離中國醫藥大學三分鐘步程，她住的是一樓，前有她認養的公設綠籬，後有自己的庭院，從家中所有窗戶看出去都是綠意。美惠熱愛貓狗動物，工作之餘畫水彩畫，是她給自己五十歲生日的挑戰，現在她結合兩者，成功畫出讓飼主共鳴的寵物水彩畫。目前以此為斜槓，退休繼續經營，就能有閒錢讓愛貓們吃好穿好！

美惠的寵物水彩畫，是栩栩如生、是傳神，而不是「跟真的一樣」。

第一次認識美惠，是她參加我舉辦的「到屋主家做客」活動，後來我們互加臉書，持續在網路上看她分享畫動物的水彩照，好奇之下與她聯繫，才知道這些都是受飼主委託的愛犬愛貓。

「畫水彩畫，是一圓我兒時的願望。」她說：「小時候我們

HOUSE DATA

居住成員｜一人三貓

形式｜小型社區電梯大樓

屋齡｜24 年

面積｜室內 19.95 坪

格局｜兩房兩廳、廚房、一衛、一後院

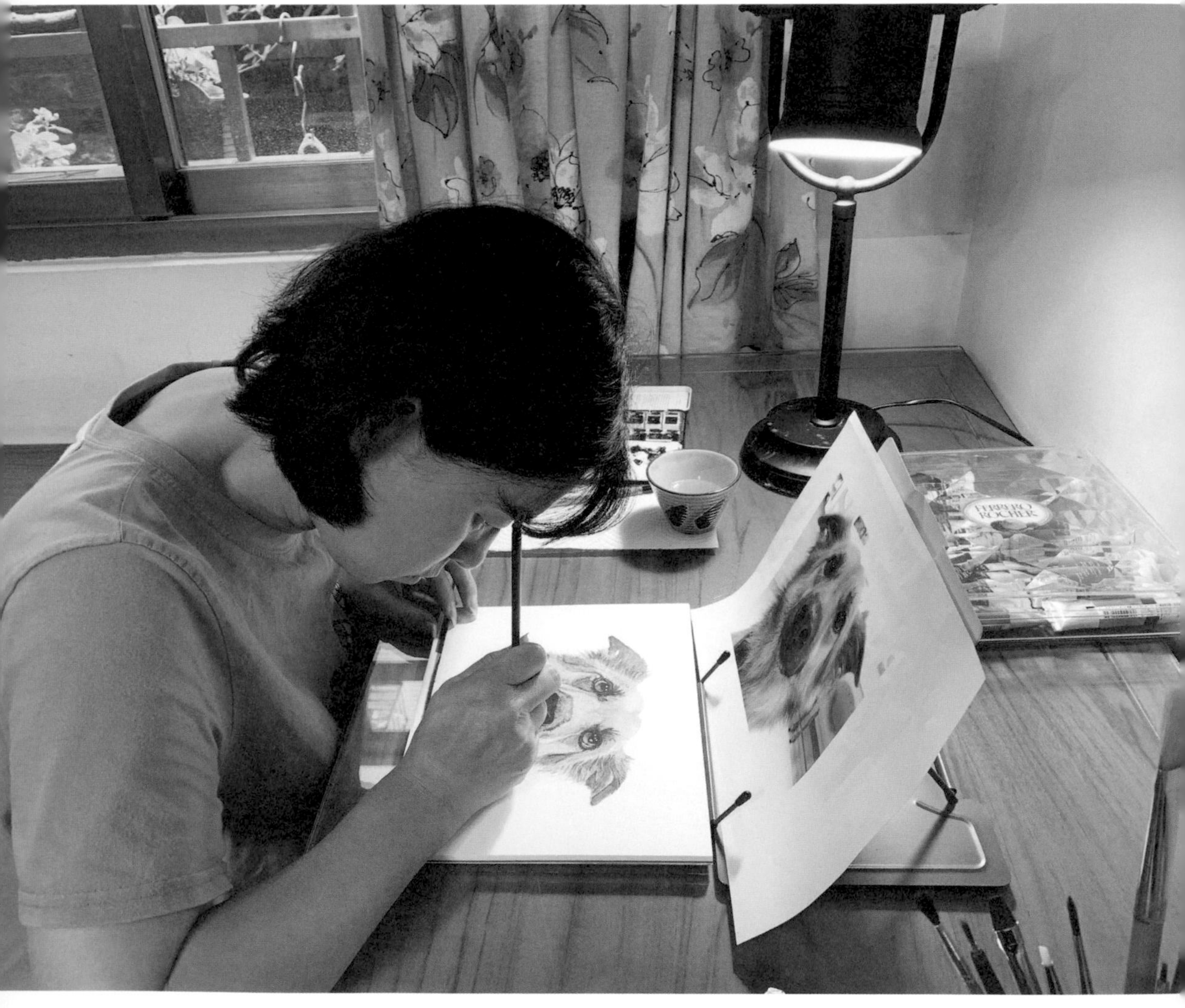

家兩姊妹一起習畫，我妹後來念了復興美工和國立藝專，現在經營繪畫教室。但我，因為水彩畫始終拿捏不好，沒有勇氣考美術相關科系，這個遺憾一直放在我心中。」

水彩畫，給五十歲的自己的禮物

美惠在工作多年後，為調適心情，下班後開始想找些事來挑戰自己，就在五十歲生日前，她決定重拾畫筆試試看：「摩羯座的我喜歡面對困難，總是想辦法解決與突破，那時候我想，為什麼不試試看我最愛卻最難掌握水彩畫呢？也許正是時候該面對它了。」

一開始她畫的是中藥的花。

從中國醫藥大學藥學系畢業、且在中醫學院服務二十多年的美惠，一直想要把中藥的美讓更多人看到，她的後院也有一些珍貴的蕨類、蘭花及小盆栽，但畫了幾幅後，總覺得畫植物無法表達情感。直到愛貓球球離世，因為太想念牠，美惠試著用水彩畫出球球的臉，抒發思念之情。

因為愛貓球球離世，美惠用水彩畫出牠的樣子，而有了寵物水彩素描的開始。

PEOPLE DATA

周美惠

中國醫藥大學藥學系畢業，目前於校內任職，工作之餘發展寵物水彩素描。

FB｜摩羯座女子

網址｜www.facebook.com/capricornwoman

「當我畫出牠的雙眼、輪廓……球球牠好似感受到我的想念，我感覺牠就待在生前常待的角落，靜靜的看著我畫……透過畫出球球，我思念牠的心情得到平復與抒發。」

美惠說：「我習慣先畫動物的眼睛。眼神必須先畫出來，我才有辦法畫其他臉部線條的輪廓。」看著她之前的作品數十張作品，幾乎可以感受到每隻貓狗的個性，頗為傳神。

之後，美惠把成品放到臉書，得到一些朋友的迴響，開始有飼主希望她能幫忙畫自己的愛貓愛狗，一開始美惠抽出空檔來畫，後來報名人數增多，有朋友建議她應該要收費，認為畢竟也是花了時間及人力成本。

以水彩素描寵物，觸動飼主深層的想念

「朋友說的沒錯，我利用下班時間跟週末來畫。每張小版本的寵物肖像至少要花四、五個小時才有辦法畫完。」即使是興趣，若持續付出、單純免費畫給朋友，久了也會失去動力、朋友們也不知怎麼回報，若能採取收費方式，雙方都會感到自在些。

不過，有些對象是她絕對不收費的，那就是長期花心思在照顧流浪動物的中途人士，所謂「中途」，就是先暫時照顧無主流浪貓狗，成為牠們的中繼站，等候有緣人領養。美惠自己也都是領養流浪貓，其中還有一隻是脊椎受傷、下半身癱瘓的白貓悠悠。

「我知道中途的辛苦。於是興起幫他們畫內心最鍾愛的那隻寵物的想法。」一開始美惠不好意思毛遂自薦，她先悄悄到中途的網站或臉書看貼文，透過文章找到照片，再默默畫好傳給對方。美惠以自己的方式對中途致敬，包括「搖滾貓咪」、「非喵布可」等愛貓中途都曾收到過她的畫作。

內心最在乎、最想念的貓咪被傳神的畫出來，無不觸動飼主的心靈，紛紛把畫作放上大頭貼，竟也間接又帶來一波畫貓委託，如今寵物素描已成為她的副業。

窗邊工作桌：窗邊的一張桌子一盞燈。就是美惠幫飼主畫寵物水彩畫的角落。

每一年，美惠也會精選出十二張飼主們的貓狗，做成年度記事桌曆，義賣利潤扣除成本再捐給中途組織或學校弱勢學生。

一張寵物水彩素描大約十六開大小，目前畫一張收費三千至五千元，大幅或大量繪圖則另外計費。若按照每週一到三張都有穩定預約的數量，就算將來退休也有不錯收入，足以供應她和貓咪的基本生活費。

「不過，我喜歡先畫再收費。如果飼主看完我畫的，覺得不夠像、不傳神，那就不收錢，那張畫就當作練習，我就自己留著。」美惠個性就是如此，寧可自己努力認真、付出多一點，也不希望有欠人的感覺。

鄉下親族的中繼站，同事們未來的午間私廚

願意付出的心意，也顯現在她對家人的態度上。

二十四年前，美惠貸款買下中國醫藥大學巷子旁的社區大樓住宅，當時買屋的原因，純粹是她就在中醫大裡上班，買一個離工作地點近、生活機能便利的房子，穿過公園就到辦公室。

「除了近之外，這裡第二大優點就是安靜，」美惠逗趣的說，曾有朋友來借宿一晚，結果太安靜了，反而睡不著。

由於很年輕就開始工作，現在五十四歲的美惠已經到了可退休的年齡。幾年前因感覺工作沒有成就感、她也的確興起要搬回苗栗、過自給自足生活的念頭。但隨著爸媽年紀越來越大，跑醫院的機會也越來越多，這才發現苗栗的醫療資源乏善可陳，加上多年前舅舅得了癌症需要每天到中醫大做放射治療，便讓舅舅和舅媽住在她家，住院化療期間，家族也可以聚集在

三貓陪伴

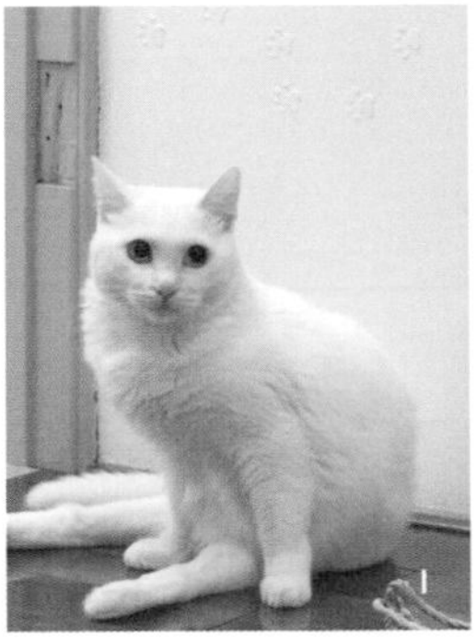

客廳工作室

1 三貓陪伴：美惠目前養的三隻貓，一黑、一白、一花，在家各自擁有自己的地盤。

2 客廳工作室：客廳主牆漆上明亮溫暖的鵝黃色，搭配實木家具及木地板，牆上也掛了自己畫的花卉，呈現出美惠對自然質感的喜愛。

這醫院附近的家，她才發現這小小的房子在需要的時候，真的成了家族的中繼站了。

除了對親人，美惠的廚藝很好，常發想健康又美味的蔬食料理。假日的時候，她偶爾也會邀請同事到家中聚餐。「我開玩笑說，退休後還有個計畫，想在家開午間私廚。也許是一週兩、三天，準備健康的蔬食餐給有預約的同事、到我家吃中餐。」美惠已經評估過可行性，而且得到不少同事的迴響，「大概只接五、六人吧，他們走來我家兩、三分鐘就能到，吃完再走回去還有時間小憩一下！」

規畫創意健康餐不但有成就感，多了一份穩定的收入、也有老同事的定期陪伴，可說是一舉三得！

美惠現在對住家構思的下一步，就是更新家具。之前添購的家具尺寸對嬌小的她來說太大了，接下來想換成適合自己體型、又不失典雅的款式。同時也要再針對貓咪們的生活習慣，重新安排睡覺與工作繪圖的地方。

「一步一步慢慢來吧！心定了答案就會浮現，先把不需要的捨棄，再進一步規畫，相信這裡會是陪伴我一生、溫暖的家。」她這麼說。

1 餐廚空間：美惠熱愛烘焙、烹調美食，常邀老同事或老鄰居來做客，故廚房擺放不少餐具及烘焙器材，但也還不致於到擁擠的程度。廚房後方則是貓空間。

2 蔬食餐：美惠擅長以香草及有機蔬果搭配出美味的蔬食餐。

3 後院：與臥室緊鄰的是後院，往窗外看去也是盡攬綠意。美惠喜歡各式各樣的手作，另外一個房間就當成手作專用工作室。

1

1

1

圖片提供＿周美惠

2

3

3

Jennifer Chou 2019

Jennifer Chou 2019

Jennifer Chou 2018

Jennifer Chou 2019

Jennifer Chou 2019

寵物素描師美惠的轉場策略！

Point 1 > 獨特性、社群力、數量掌控

美惠目前是利用下班與週末時間來畫，等於是在預先了解未來工作轉場的節奏與時間分配，同時也在抓取自身作品的獨特性，也提前積累日後的客源與能見度。

1 **創造作品獨特的觸動感**

美惠的畫風獨特，也許不是 100% 寫實、但表情卻十分傳神。我在現場把她的二十多張作品排滿在桌上，有種寵物們都在看我的錯覺。她的畫作能觸發飼主對寵物的愛與正面情感，看著畫，並不會感覺到悲傷苦思，反而有種牠就在身旁陪伴的療癒感，而這正是美惠的筆法厲害的地方。

2 **持續在社團及臉書發布新作品**

只要有完成的畫作，不論是寵物、植物或人物，美惠習慣把作品持續上傳到國內外社團網站。在國外，她加入水彩肖像社團，上傳後便能接到很多來自各國的建議與評論，可以不斷自我精進。她也會把作品上傳到自己的個人臉書（通常是設不公開），持續的曝光，也可以讓有養貓狗的飼主知道有這項服務。

3 **寧可確保品質，不接過量**

雖然目前的預約量大於出圖量，但為了生活品質，她維持一週畫二至三幅的數量。將來退休或半退休，才會考慮增加，畢竟，畫寵物肖像是興趣也是收入，但終究還是為了有品質的生活，工作是為了生活、而不是生活只有工作。

水彩寵物素描收費及委託方法

方法： 飼主需提供寵物頸部以上的多張清楚日常照片，眼睛、耳朵、鼻子到頸部均需清楚，不能有晃動。

收費： 一隻 3,000 ～ 5,000 元／（約 16 開，19x24 公分水彩紙）。大張費用另計，暫不接巨幅創作。

1
住附近又懂水電
清潔維修最即時

2
翻修當師父小工
省錢又可做中學

3
愛辦聚會又好客
住家是 1/2 招待所

4
設備不省小錢
給租客全新入住感

06

屋主年紀
▶50+

一場大病後，不做老闆來當包租公

樓下出租、樓上自住，創造穩定的被動式收入

原本從事個性化商品開發的阿洋，經常搭飛機奔走在中國各省加工廠之間。他日夜顛倒抽煙喝酒，殊不知在這無限迴圈中，早已忙得筋疲力竭。直到四十五歲大病一場，躺在病床上他才有機會好好思考「這是我要的人生嗎？」出院後，他逐步收掉了公司，著手實踐心目中的另一個人生勝利組計畫！

阿洋跟愛咪家就在台北市中心，可是我第一次去的時候竟然小小迷了路。從熟悉的大馬路轉進巷子後，眼前是一片樹林、眷村矮屋、公園。迷路的我打電話給阿洋求救，他說他看到我了、並清楚指引我方向，我這才發現他正站在三樓露台幫我指揮。

阿洋家不必做特意的規畫與改造、就已經巧妙的達成大隱隱於市的境界。除交通便利外，這裡晚上聽得到蟲鳴、清晨聽得

HOUSE DATA

居住成員｜房東（2 人）、租客（9 戶）

結構｜加強磚造

形式｜連棟透天邊間

屋齡｜58 年

一樓｜車庫（兼工作室）、套房（4 戶）

二樓｜套房（5 戶）

三樓｜自住

將自家重新裝修，一、二樓做為出租套房，三樓則自住。

到鳥叫。在台北要能夠有這樣的居住條件，還真是有錢也買不到！

從小與家人就住在這棟房子裡的阿洋，長大後從事自營商、常跑外地，房子空了幾年之後，他決定把老家透天厝一樓改為辦公室，自己與家人則住在二樓。「當時三樓（頂樓）早在三十多年前搭起鐵皮屋，只不過一直都囤放存貨及雜物。」

四十五歲大病一場，老闆成為包租公

「我過去開發的相關商品與耗材品項繁多，主要都是印刷產品相關，訂單時多時少，繁瑣又累。」受到工作影響，阿洋的健康及居住環境都受到影響。

四十五歲那年，因例行性檢查被醫生診斷為肝癌初期。

「很久沒有好好休息了，被迫躺在病床上的那段期間，我不斷思考……我的人生還要繼續這樣下去嗎？」做生意勞心勞力，有時候客戶說抽單就抽單，光是擔心週轉不成就徹夜難眠。

出院後，由於體力還沒完全恢復，便決定慢慢逐步把公司收了，思索創造被動式收入的可能性。由於太太愛咪另有工作收入，家裡也還有些存款，能撐一段時間。他和太太討論後，決定先把一樓辦公室改成出租套房。

「這裡鬧中取靜、交通也算便利，雖然沒有十足把握，但只要我們改得不錯、租金也不要太高，遲早都會有人來租的吧！」阿洋說。

給房客好住所！裝修順序 一樓↓三樓↓二樓

因從未有當包租公的經驗，一開始採取保守策略，只開放一樓出租。樓層面積實坪三十坪，阿洋把它區隔出五個空間，最前端臨路的那間做為自己的工作室。而後面四間就改成套房，每間約可隔出約五坪的面積。

作為邊間的優勢，就是可把原有的窗戶開大到落地、成為套房門，房客可直接從側面進出，省去做室內走道的浪費。略有水電木作經驗的阿洋說：「我本來打算找統包幫我統整。但預算有限，加上公司收了後時間變多，後來決定自己點工點料來發包。」、「點工也會遇到溝通不良的師傅，我就看他做到哪、做幾天，錢給一給就終止合作，再找下一個接手。**因為我持續在現場監工，很容易就能把進度交代給新師傅，比較不會有交接上的問題。**」

每間套房都有沙發、床、桌櫃等基本家具，有些空間較大的甚至還有流理台及小閣樓，頗為寬敞。由於是全新翻修，地點便利、房租也在行情之內，這四間套房很快就出租出去。加上阿洋跟愛咪是盡心盡力的好房東，只要房客有反映任何套房設備問題，他們都盡力在當天就幫房客解決。

一樓房客出入口

1

二樓走道 + 洗衣區

出租套房

2

圖片提供＿阿洋 3

2

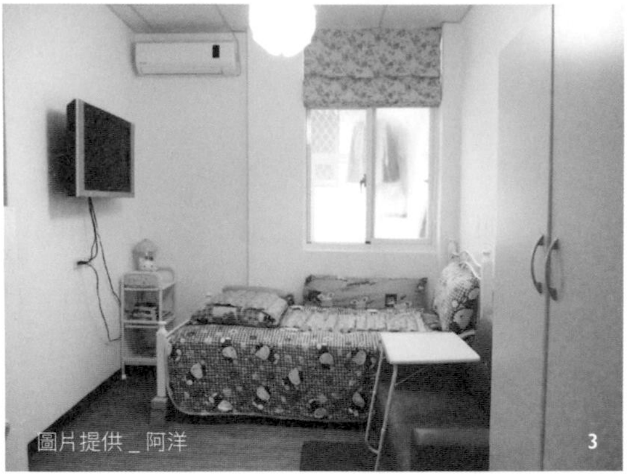

圖片提供＿阿洋 3

經過一年多的嘗試與經營，他們發現「出租套房真的可以帶來穩定收入。接下來的三年持續過著安逸的生活，想想不上班一個月就可收近六萬租金，真開心呢！」愛咪笑著說：「後來發現六萬可能不足以應急，或者沒辦法讓我們有更優渥、無慮的老年生活，所以才決定要把二樓也翻修成套房。」

兩人經過討論，認為要先將自己要住的三樓，進行翻修，夫妻倆則暫住二樓。

「主要原因是，如果我們為了早點出租套房而先改二樓，日後要翻修三樓時，二樓房客勢必會被敲打聲吵到。」要吵也得吵房東，是他們的貼心。

1 一樓房客出入口：把原有的窗戶做成套房大門，房客可直接進出，省去做室內走道的浪費。

2 二樓走道 + 洗衣區：二樓套房走道及大家共用的投幣式洗烘衣機。

3 出租套房：套房格局大同小異，除衛浴及床外，都額外配有小客廳、小書桌及小廚房。

三樓自住自繪草圖，現場比手畫腳監工

要把三樓改成自住，阿洋跟愛咪花了好多時間討論、思考與畫圖。阿洋說：「這次翻修後至少會在再住上二十年，不能只是裝修，還得將生活需求好好融入。」

三十坪的長形空間，用前、中、後段的方式來區分空間，可以省掉走道空間的浪費。愛咪說：「兩個人住，如果單純日常生活，一般格局就已足夠。不過我們常常在家舉辦聚會、派對，需要較大的廚房及待客空間。」

他們把採光最充足的前段，以及有開窗的中段都設計為招待區。

前段是非常舒適的大露台，有堅固的遮棚故不必擔心風吹雨打，中段則結合廚房與餐廳功能。就這樣，順著透天原有的樑柱來分配空間，由前到後依序是露台、起居室（側有梯間及玄關）、餐廳（含廚房）、臥室，如此面積倒也恰巧適中。

房東租客同棟不同層，兼顧隱私與服務

三樓整修好之後，接著就是二樓。

二樓隔出五間房間，每個房間都有自己的衛浴及洗衣機，走道上則設有公共烘衣機。由於一樓加二樓，共有九間出租套房。為了讓房東本身的隱私受到保護，二樓與自住的三樓之間有一道電子鎖安全門，以便做明確區隔。

房客若臨時有狀況要找房東，皆可透過 line 或手機傳達。

雖然阿洋與愛咪常外出遊玩，但都盡量安排當天來回。「臨時收到房客來電，例如熱水器

突然沒熱水、馬桶塞住或是空調故障了，我們都會坐立難安，想要趕快回去處理。」他們也會定期整理環境，梯間整潔、烘衣機內筒、屋外馬路跟後方防火巷，都是他們定期清潔整理的範圍。

偶爾我們從新聞上聽到房東對屋況置之不理，空調壞掉好幾天都沒來報修、租屋的公共環境太過髒亂等服務不周到之處……這些狀況對房客來說都是很不舒服的事，等租約到期，他們就不會願意續租。阿洋說：「身為房東，最好有一些水電知識，以便判斷並與水電師傅溝通。而房客有狀況，一定火速處理，只要把環境整頓好、水電穩定，你的用心，房客都能感受的到。」

從二樓往三樓梯間走上去，就可以感覺別有風格，三樓客廳十分開闊，從一開始，就是為了打造出親友歡聚空間。

不過樓梯有點陡峭，日後可能會加裝電梯或升降梯。

交遊廣闊，舉辦聚會是生活的一部分

愛咪與阿洋交遊廣闊，每個月都有許多活動，也常在家開派對。，其中有一、兩次會在家裡舉辦。「我喜歡聚會洋溢著的那種氛圍，透過閒聊交流，也會得到療癒喔。」愛咪笑說。

不同交友圈人數也不同，像是志工團多達二十人，烘焙同好則約六人，人數不同也會創造不同的聊天氛圍。「人多的時候，主辦的我會比較忙，因為我要兼顧到客人的吃喝、換新杯盤等……人少的時候，我就有機會坐下來聊天。」

住在三樓唯一的缺點，想當然就是爬樓梯。阿洋家的樓梯挺陡的，若要在這裡住到老，陡峭的樓梯問題要怎麼解決？其實他們早已想好兩個方案。一是規畫房子的某個角落安裝電梯，二是買下隔壁空屋重新規畫，將來兩棟打通，就可以評估看是否住在一樓，安裝電梯或樓梯升降椅也不是問題。

後半輩子兩種收入：出租是財務收入；深化興趣是精神收入

「眼看有些朋友都在五十多歲身體出現狀況……我自己也是四十五歲生大病，感慨很深。工作帶來的成就感雖然很誘人，但生活中的悠閒也很珍貴，適時的發懶、反而更能夠看清一些事情。」阿洋邊思考邊緩緩地說：「後半輩子我對自己的期許，是多跟不同領域的朋友交流，並且保持身體健康、努力把生活過得充實些，我近期就有兩個目標想要達成，一個是重機環島、一個是再把一樓工作室改

辦派對

1

成朋友同好招待所。」

阿洋跟愛咪目前都是五十歲出頭，透過自宅出租的方式，每個月為他們帶來穩定的收入。「近幾年台北套房出租越來越競爭，以前是上午舊房客搬走、下午就有新房客搬入。現在大概隔個一、兩天才有新房客。」阿洋說。儘管如此，他們

半戶外露台

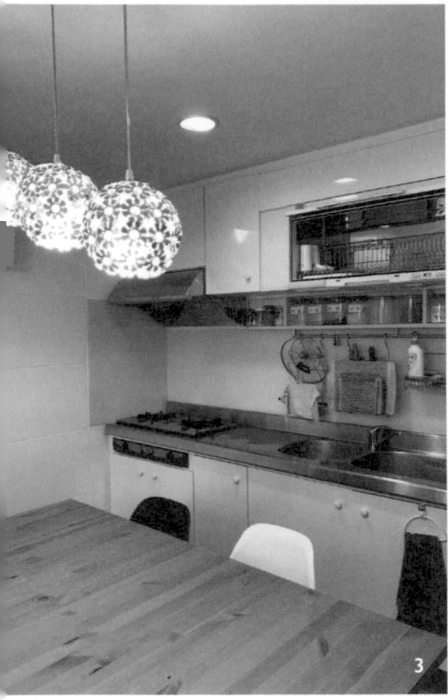

餐廳廚房

1 **辦派對**：愛咪與阿洋每個月都會有一、兩次會在家裡舉辦派對。

2 **半戶外露台**：半戶外的露台空間，大桌加上側邊長椅，容納 15 人以上都沒問題。在夏日晚間最受歡迎。

3 **餐廳廚房**：空間大約五坪左右，平常夫妻倆人用餐烹調倒是綽綽有餘，餐桌拉開後容納七、八位好友也很溫馨。

1 阿洋的老物件：
阿洋安裝的古早電話、收音機跟礙子「真的都有在用」，二戰收音機可播放 AM 並外接藍芽接收器。

2 阿洋的老傢俱：
阿洋身旁的檜木餐櫃，是經過他自己清潔打磨、換掉局部結構，讓老家具獲得重生。

的房客一旦入住就住很久，不必煩惱房客流動率。

除了實質收入，精神收入也是阿洋跟愛咪非常注重的部份。其一是定期舉辦聚會，其二是透過收集及改造老件，來培養深化自己的興趣。

他收藏許多早期電器用品、而且盡量改造它們使其重生。例如將藍芽播放器與二戰時期的收音機相接，讓古早收音機播出音樂；或是將早期的聽筒分離式電話重新配線，讓它真的可以使用！

「我預計將把一樓工作室改成古董交流店兼小教室，提供簡易的手作教學體驗，教大家把老東西活化成新品。」他手上把玩著用ＴＲ磚改造而成的仙人掌花盆、水泥磚搭配ＬＥＤ的水生植物試管……。

儘管現在被動式收入算穩定充足，阿洋與愛咪生活仍很儉樸。某次與他們吃家常菜晚餐，一菜一蛋一魚，簡單好吃。吃完聊完準備離開，他們好心要帶路痴如我走到捷運站，順手拿了五、六瓶裝了水的二公升牛奶瓶下樓，我好奇問愛咪用途？「這是洗菜水、洗水果剩下的水啊！這些都算乾淨的，如果就流掉很可惜，我們裝滿之後就會拿到樓下幫花草澆水。」

這對他們而言再日常不過的習慣，卻讓我印象深刻。

生活簡單、交友滿天下、保持身體健康、定期存錢……對於阿洋與愛咪來說，後半輩子規畫不必複雜，照著這四種方向慢慢前行，也是一種幸福！

Blksuit

一推出就滿租！包租公的成功心法

Point 1 > 好房東這樣做！

房東包括兩種形式，一種是全部都交給物業公司處理。二是凡事自己來，這很需要具備基本的水電知識、細心耐心與愛乾淨的特質才行。

1 **對房客抱持同理心：**
在規畫設計套房時，想像如果是自己租的，住起來是否感到舒服、床墊是否好睡、空氣是否流通。阿洋認為套房雖不大，但住起來還是要有基本的舒適感。

2 **不小氣！設備家具定期汰舊換新：**
愛咪定期檢視套房內的家具用品，浴室鏡台、燈具、床墊、書桌椅及沙發等家具，舊了就換。例如浴室鏡台的鏡面，久了邊緣會出現黑色點點，並不會影響使用，但愛咪認為觀感不好，還是會換新，照顧到房客心理感受。

3 **房客退租，立即粉刷整理空間：**
愛咪與阿洋愛乾淨，喜歡潔白清爽的感覺，只要房客退房，當天即刻進行清潔，檢視家具適時換新並刮除髒污、重刷牆面，讓新來房客可以有住新房子的好感受。

分裝電錶：每個房間都分別安裝電錶，用電量一清二楚。二樓有五間套房，故分支成五台單相三線式 50 安培電子式瓦時計以便計費。

電子感應鎖：套房一律使用電子感應鎖，房客可一次開大門跟房間門，不用多帶鎖匙。房客退房後就消磁改碼。

Point 2 > 如何選擇適合的房客？

阿洋有位朋友一開始不太過濾房客，她認為只要有付租金跟押金就可出租。後來才發現，有些房客只繳得出前一、兩個月的租金，之後就開始遲繳、甚至累積半年的房租都沒繳……處理起來相當麻煩。因此建議盡量在一開始就過濾、只承租給適合自己的房客，可省下不必要的麻煩。選擇房客的原則，建議如下：

1 **有工作證明：**
約 25 ～ 35 歲有穩定收入的上班族，並提供工作證明。

2 **契約與押金先行：**
房客要先繳一個月租金及兩個月押金並簽好契約後，才能擁有鑰匙。

3 **連帶保證人資料：**
請房客提供相關聯絡人、連帶保證人的姓名電話，先行聯絡確保無誤，才進行出租。

經過上述三項審核的房客，通常不會有特別狀況，偶爾會有承租數月後才顯現問題的（譬如隔壁房客反應太吵、或者抽菸等），即使租約尚未到期，也宜知會房客提早退租、並退回押金，以免影響其他房客。

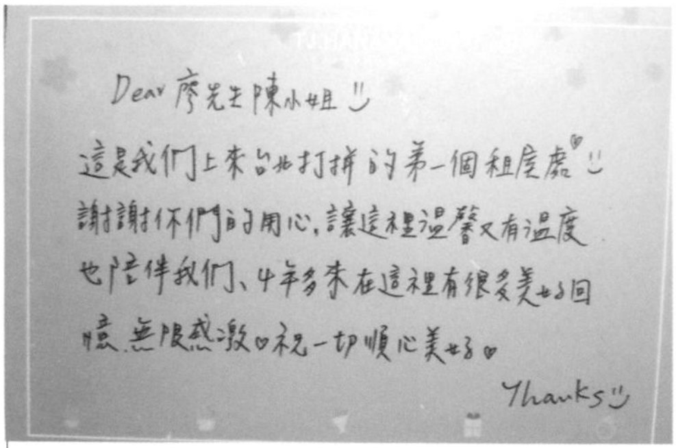

房客謝卡

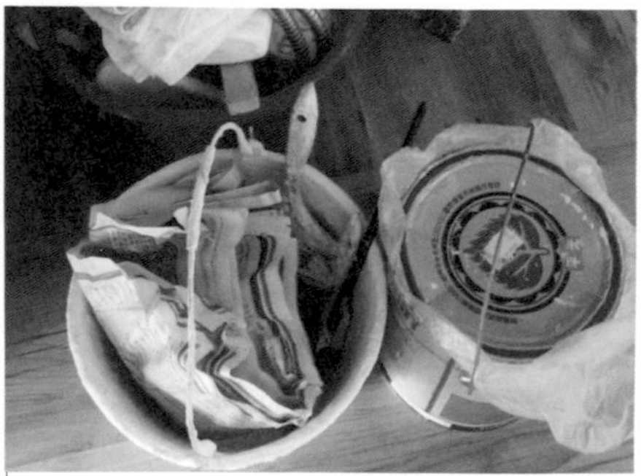
清潔用具

◆在家CEO規畫關鍵

1. 尋找同好 互相切磋
2. 臨摹大師 抓出精髓
3. 先進設備 快工細活
4. 造工作室 專心練功

07

屋主年紀
▶50+

木職人，賺收入也賺自我實現

從大師椅到動力木工，創造被需要、被學習的價值

阿仁與工作夥伴傑克認為，後半輩子的規畫對他們而言，不是賺更多的錢、成就大事業，而是將自己對興趣的熱忱轉化為技術或知識，透過照片影片把製程記錄下來，分享傳授給更多的人。

終身職志不只是賺收入，更有意義的是賺到那份成就感與自我實現。

「阿羚！我們搬到宜蘭了，還和夥伴傑克設計製作了木頭卡丁車！有到宜蘭的話，歡迎來玩！」接到阿仁的來信，我實在很好奇，卡丁車怎麼自製？而且還是木頭的！好奇心驅使，加上好久沒見老朋友，趁著一次到宜蘭大學演講，順道去找了阿仁。

HOUSE DATA

居住成員｜夫婦、三女、一犬

形式｜獨棟透天

屋齡｜約 5 年

坪數｜土地約 100 坪、室內 1 樓 58 坪、2 樓 50 坪

一樓｜前院、工作室、玄關、客廳、餐廳、開放廚房、油煙廚房、長輩房

二樓｜主臥（含更衣間及主浴）、三間小孩房、共用浴室、儲藏室、晒衣間、後院

二樓樓梯一上來的公共空間規畫為閱讀區，桌椅都是由阿仁自行製作，書架則自行發包給木工師傅。

阿仁的本業是電子零件貿易，但他與工作夥伴傑克目前熱衷於—動力木工。除了自宅木作都是自行打造外，他們也研發了全國唯一的木製卡丁車、木製單車，並成立了《也市木工》，試圖將自己對熱忱為技術或知識，分享傳授給更多的人。

「do something and be somebody」是他們在五十歲共同追求的目標。

堅持研發木工讓自己「留下些什麼」

十年前，阿仁還在永和辦公大樓裡承租的小小辦公室裡。那時他用隔簾把辦公室隔成兩部分，一半是員工們的工作空間、一半是他的木工機具，午休及下班後，員工們早已習慣辦公室裏切割機具及集塵器運作的聲音。也因此，電梯大樓住家中，無論是櫥櫃、三個孩子的床都是他親自做的，七年前，阿仁在宜蘭覓得理想的環境，開始建構他的自地自建夢想，也打造出自宅專屬的木工工作室。

在舊家時，阿仁就有幫孩子做床、幫老婆量身訂做整套廚具的經驗，這次在新家當然更要盡情發揮。除房子結構體、天花板、地板及房門、大門是委託專業外，室內的裝潢與家具都是阿仁親自製作的。

看待木工這件事，阿仁已不只是當作興趣的一環，而是當成終生職志。除了滿足家庭需求外，他想要的，是進一步追求美學、工藝，以及專業度。

「當木工只是興趣時，對技能的升級沒有迫切的需求、就不會花足夠的時間去做練習；當木工變成職業時，就得不停產出同款的產品以維持生計。」要跳脫這樣的侷限，就得時時自我提醒，去看、去想、去做。讓自己持續進步！為達到足夠的專業，阿仁不停的練習，手腕還曾患了腱鞘囊腫，足底也曾患了筋膜炎。

PEOPLE DATA

阿仁與傑克

於十六年前一同創業，從事電子零件貿易，如今兩人一同研究動力木工，是一起打造卡丁車及研究木單車的夥伴。

FB 也市木工

後半輩子燃燒的熱情：想創造「被需要」「被學習」的價值

而興趣廣泛的傑克，守備範圍包括遙控車、遙控飛機、音響，如今和阿仁專注研發動力木工，他說：「四十歲以前，我有九成的時間花在工作；但四十到五十歲這段期間，我希望工作佔五成、興趣佔五成，因為**興趣是需要慢慢培養，不是等到六十歲完全閒下來才培養**，這樣體力、學習力上都早已不如以往。」傑克說：「我現在每天大概會撥 10% 的時間在興趣上。」

對阿仁而言，**培養興趣等於投資自己**。「我常對家人說，除了維持家計、投資孩子的教育，我也會積極的投資自己來享受生活樂趣，而不只是工作。」這也是他當初與傑克一同討論開創人生第二事業的主因。

「若興趣可帶來獲利，就可成為後半輩子的活水資金，而且我們擬定的主題是科技複合型木工、跳脫傳統、具有挑戰性，即使是木工達人也可從我們這看到另一種木工的可能性，這更是有趣的地方。」阿仁進一步說明。

販售知識、服務領域社群，營造出「被需要」、「被學習」的價值，對阿仁跟傑克來說是後半輩子想達成的目標之一。

「我們目前致力研發的是木單車，它很難沒錯，但它是有可能被實現的，國外已經有不少木單車成品，但我們希望靠自己的能力做出來，零件材料盡量靠自己做、或者跟在地工廠訂做。」在做木單車前，現階段他們正在設計一台 3D router，簡單的來說就是一台手動的三軸木工銑削台。這台機器可以不必學電腦繪圖就可操作解決一些傳統木工機械無法達成的功能，「任何問題一定有解決的辦法，問題只是需要多少時間而已……」

50歲以後的精進，引來源源不絕的專業訂單

看著阿仁與傑克對機械型木工產品的投入，我聯想到《後半輩子最想住的家》裡面的北市屋主阿俊，他也是早在五十歲開始就開始認真培養興趣，一年學一樣東西，「我很怕時間不夠用，我太晚培養興趣，總怕來不及學得精，很羨慕那些年輕就懂得養成興趣的人。」

阿仁與傑克，一同創業的夥伴。

木單車 + 卡丁車

1 阿仁與傑克：大家環坐在阿仁手作的餐桌旁，和夥伴傑克（左一）聊著木作願景，窗外即是清水模前院。

2 木單車與卡丁車：阿仁與傑克正在研發中的木製單車，圖中為參考原型。在寬敞無車的空地測試卡丁車性能、包括多重甩尾與繞圈。

興趣越早培養的另一個好處，是可透過網路找到社團、同好，互相切磋、聚會。**靈光乍現的奇想常在討論中衍生出來的**。阿仁持續挑戰新作品、並在好友傑克的協助下跨足不同領域的機械型木作品。

他對木工理想的執著、搭配重金打造的儀器設備，反而為他帶來源源不斷的訂單。建築師、室內設計師都很欣賞阿仁風格的家具造型，想要搭配在自己的建築作品中。當客戶不請自來時，客戶品質也會相對提高，他們有耐心等待、也能提供正面的回饋。

我問阿仁，木工這個第二專長，他是否會持續做到老？

「手做木工是體力活、也是個利基市場，就眼光及知識範疇上，我覺得還有很多盲點要摸索。」阿仁說：「我的方法是採取漸進式的突破，若有一天靈感枯竭、或者體力無法負荷時，自然就會停了。但如果可以，還是希望熱愛木工、做到老，做到最後一口氣！」

即使阿仁這樣謙虛的說，但其實已經陸續有人跟他請益、稱呼他為「老師」，即使哪天年紀大了體力不夠了，相信他一樣可以在動力木工的領域傳道授業，他一直在朝向自我實現的路邁進，做到老是不成問題的！

找定位！從臨摹大師椅到打造出自有風格

阿仁在 2007 年試著開始臨摹名椅，第一張是美國家具名師 Sam Maloof 的低背椅，接下來繼續臨摹其他款式，同一款至少做上七、八張，臨摹過程他不斷的去揣摩 Maloof 的思維，「這椅腳為什麼彎曲、椅面為什麼前方微弓……」他透過不斷重複臨摹，將 Maloof 製椅的意識陸續灌注到自己內心，並再融入自己的特色，才慢慢走出專屬於自己的設計風格。

這次在宜蘭，我看到他有許多融合了繩編或皮革的複合式單椅，作品與七年前已有所不同，應該說是更具個人的風格。他的作品不乏知名建築師及室內設計師向他訂購，也因如此，即使離開本業，他仍可以透過第二專長製作設計單椅及家具、甚至木製單車為退休生活帶來精彩與收入。

阿仁在宜蘭的自宅，規畫了一間木作工作室，和傑克一起研發動力木作。

阿仁的木工工作室，這樣規畫！

理想的木工工作室，機具靠牆依使用順序擺設。中間放置大型鋸台及工作大桌，以鋸台為中心點，設計一迴狀動線或∞狀動線。應注意的有：

1 **工作與材料宜明確分區**

以個人工作室而言，若是有定期在生產作品者，阿仁認為能夠在 20 ～ 30 坪以上為佳。而一般而言，較理想的居家型材料儲存區約在 2 ～ 3.5 坪。「工作室最常忽略的就是木材儲存區，以前在永和我都堆在陽台，來這裡後以為空間夠大就沒有特別規劃到，有點後悔。」沒有特別分區的結果，就是板材日久積在動線上或機具旁，非常危險。

2 **動線滿足機具使用**

阿仁認為工作室內的**動線寬度至少要維持在 150 ～ 180 公分寬，機具之間至少要間隔 90 ～ 100 公分**。就像廚房的配置冰箱→洗→切→煮的流程，木工一般的流程是刨→鋸→裁，機具配置需按照木工加工的順序，集塵系統管線最好釘掛於牆面為佳。

3 **專用插座與迴路，依照機具位置配置**

許多木工機具及集塵器都是吃 220 伏特的電，故工作室要同時配有 110 伏特及 220 伏特的電，220 伏特不但消耗的電流較少、機具啟動也更快更有效率。最好 1 ～ 2 個插座就要配一個專用迴路，工作室內若能夠配至少三～四個 220 伏特的專用迴路插座，操作起來會更為便利。

另外插座的高度最好高於 120 公分、也就是高於機台的高度，如此一來拔插方便，避免設計在家用高度（30 公分），以免每次要拔插頭都要移動機具或彎腰。

鋸木機

木鑽台

各式零件分區規畫

集塵器與吸塵器穿插機具間

◆在家CEO規畫關鍵

1
活用現代設備
打造出無煙廚房

2
順應長形格局
空間區隔又開放

3
體驗創意私密
一次一組像在家

08

屋主年紀
▶30+

開放自宅款宴，今天只當你的主廚

創造美味與人生紀念日的隱密空間

原本租房子在電梯公寓裡的阿寬，於二〇一二年開始將租屋處經營私廚，之後又遷移到連棟透天，把私廚空間規劃在二樓，自己則住在三樓。阿寬結合電機工程師的工作流程、將廚藝不斷的自學精進，由於樂於分享的個性，為客人打造出輕快、親切又有個人感的用餐體驗。

私廚，是近三、四年來突然變夯的工作。開放美美的自宅、營造自己喜歡的用餐氣氛、準備自己擅長的料理、同時又能有份收入，對於許多熱愛分享又喜愛廚藝的人而言，的確頗有吸引力，但，實際上私廚是否真如此浪漫？在友人的引薦下，我拜訪了從事七年私廚的阿寬。

七年前，阿寬看到國外電視節目，節目中的場景是居家型的餐廳廚房，每集節目由主廚做菜、四～六位來賓邊聊邊享用美私廚座落在新竹市早期住宅區的連棟透天二樓，前方有停車位及樹蔭。

HOUSE DATA

居住成員｜兩人兩貓

形式｜連棟透天

屋齡｜租用，實際年齡不詳，約 30 年

一樓｜咖啡館

二樓｜私廚（不對外開放，需預約）

三樓｜自住

食。「那時我還沒有『私廚』這名詞的概念，只是單純覺得，能夠持續邀請不同朋友來家裡用餐，並聊些跟生活有關的事情、分享生活的樂趣，何其幸福。」他這麼說。

正職多年，從租屋處開始練習自宅私廚這一行

阿寬清大電機系畢，原本在新竹園區擔任工程師，前前後後做了七年，但內心始終渴望從事跟「生活娛樂」有關的工作，「工程師工作穩定薪水又高、不過較為冰冷平淡。我一直喜歡與人互動、分享，內心一直有個聲音，要我去做跟生活本質有關的事業。」他認為，從事餐飲業也許是實踐理想的第一步，但貿然開店風險值太高，於是決定從自租處實踐他在電視上看到的私廚概念，離職後，他學木工、自學廚藝，為日後的開店做準備。

那時，阿寬還租在新竹縣寶山鄉的中古電梯大樓社區裡，典型的三房兩廳住家。學會木工後，與同好直接在租屋處自製實木大桌、吧台，接著就從朋友同事開始接待起，大家吃的開心、就會幫他宣傳，吸引更多竹科的同事、情侶預約。

PEOPLE DATA

阿寬

從科技業轉場成為私廚，於自宅中經營，提供無菜單料理，餐點屬於中西混搭的 ，有傳統，也有新意，上菜模式類似法式料理。

FB｜寬廚

當時他的租處房東是清大校友，有次房東來電，問他：「阿寬，聽說你在我的房子開餐廳？」原來，房東的朋友也到阿寬那用餐過，印象很好，就跟房東推薦，結果房東聽他描述的地點與空間，越聽越像是自己的房子，所以找阿寬確認。

阿寬坦承自己因嚮往廚藝及分享生活，所以正在練習，一次招待一組人。「這樣好了……」房東說：「最近正好有清大前幾屆校長要回台灣，清大校長們要齊聚一堂，我可否安排他們到你那邊用餐？」

「你能想像六位前清大校長到你的住所齊聚一堂嗎？！母親看到校長們與我的合照，懸著的心也暫時放下了，畢竟，兒子從人人稱羨的科技新貴變成職稱不明的在家廚師，她一直很難跟親友解釋。」阿寬眼神閃爍著光芒說。

「那天校長們吃的很開心、氣氛很好，也為我的私廚之路開啟新的篇章。」即使後來搬到新竹市，校長們仍繼續捧場，只要與友人有約，都訂阿寬的私廚。

由於社區有管委會及門禁，每次客人來，阿寬都會親自到大廳接，次數多了，鄰居跟管理員都知道他在家「經營餐飲」。為了不造成困擾，阿寬的廚餘都會另外處理，不會倒水槽排水管。但有次整棟大樓水管阻塞，主委第一個找上他，這才知道到大家對他其實是心有芥蒂的。雖說事後證明是別層樓有人蓄

舊家私廚餐桌

1 舊家私廚空間：從寶山到新竹市，一路始終支持阿寬的清大校長，把寬廚當成老友相聚的好所在。阿寬住寶山公寓時，就開始經營私廚。圖片提供__阿寬

2 新家私廚空間：私廚空間以中島為分隔，房子前段靠近露台的一側規劃為用餐區、後段則是廚房、儲藏室及廁所。

意破壞，但這件事讓原本就想另覓他處的阿寬，加快了找新地點的速度。

私廚這一行，私空間與私時間的拉扯與平衡

之後，他租下了新竹市區一排面林蔭道的連棟老透天。一樓經營甜點下午茶店，名為《小埜子》，交給老婆及員工來主導。二樓仍是他的私廚空間，取名為《寬廚》，三樓則做為自住空間。當時，整棟的翻修資金來自親友投資，與部分銀行借貸。

為及早償還貸款，阿寬努力經營，每天忙完回到三樓住處都已超過十點，隔天七點多又要起床。「這些辛苦倒是都還好。我覺得最要調適的是，你要同時開放自己的房子跟自己的心。」不像以前，都還知道客人是誰的朋友介紹，現在很多客人是從網路上預約的，等於是讓陌生人直接進到你家。

阿寬試著讓自己更開放心胸、保持彈性。有些客人剛開始略顯拘謹，阿寬就會主動搭話、招待餐前小點心，活絡氣氛。有些客人稍微搞不清楚狀況，沒問過就一群人走進去，站在他身邊問東問西、擋到他的工作動線。「對方也是無心，既然他們這麼好奇，那我就改變心態，邊做邊講解，像烹飪節目那樣，這樣互動下來，雖然我做菜的速度會變慢，但他們覺得充實開心就好。分享生活理念，不正是我經營私廚的目的之一嗎？」阿寬說，「既然你沒辦法選擇來的人，那就放下成見，開放心胸接待每個人。」

當然，基本原則還是不能退讓。有些奇怪的要求，比如預約時要求折扣、或者指定要用自己的食材等，在電話中就可以直接婉拒。

不像一般餐廳，廚師只要在後台廚房專心做菜就好，還要同時顧到大家的氣氛、客人用餐的心情、或者臨時提出的要求，偶爾有客人聊得太開心、超過營業時間，還得想辦法暗示。「做私廚不只是勞力、也是勞心。我一週雖然休兩天，實際上是一休二備，一天純休息、第二天要備料。」

假設隔天中午、晚上都有預約。阿寬九點就要開始準備中午場，中午用餐時間為十一點到三點。清洗完餐盤後，阿寬馬上就要開始準備晚上場，晚上用餐時間為五點到十點。所以當客人離開，洗完杯盤、整理好桌面後，也就十一點了。

阿寬對食材的講究與堅持，讓成本一直居高不下。如果今天是六人以下的客人，他一人服務，成本可以控制在五～六成以下。但若六人以上，需要有時薪工讀生幫忙，成本馬上又增加一～二成。在淨利只有二～三成的狀況下，還要這麼勞心勞力的工作，不靠一份熱情是很難撐下去的。

一樓甜點店＋二樓私廚＋三樓住家：

1 一樓是甜點店，要到阿寬的私廚，得走一段老透天特有的磨石子階梯，可抵達二樓與三樓住家。三樓是阿寬與貓同住的地方。

2 從廚房的視野看餐桌。當坐滿客人時，對阿寬而言也是幸福的視角。

1

阿寬
1

2

熱情，換來老顧客極高的回流率

阿寬的熱情，顧客們都感受得到，這裡就像他們的第二個小家一樣。有些客人從情侶成為夫妻，每年的結婚紀念日，就會在這裡訂燭光晚餐。清大校長們也是把這裡當敘舊的老地方，像我去拜訪阿寬的前一天，他們才剛舉辦了一場聚會。

有次阿寬接受客人委託、一同參與求婚戲碼。「結帳時佯裝自己忘記帶錢，還要女友去提款。趁女友出去時，我跟客人趕緊把餐廳佈置成粉嫩的求婚現場。」想當然，氣噗噗的女友回來時，看到這麼浪漫的場景是又驚又喜，男友得以順利完成求婚任務。

阿寬認為，經營私廚就是要帶點傻勁與熱情，光靠菜色是不夠的，還要給其他東西、其他感受，是客人在別家都找不到的，像求婚、生日這些時光記憶，就是能讓客人固定回來的理由之一。

除了私廚，如今阿寬剛完成他的影像工作室，裡面有攝影棚、佈置成美式廚房風格。他打算結合烹調與私廚的特色、拍成影片，讓觀眾也能透過螢幕感受到大家一起用餐時的歡樂，更希望喚醒更多人的記憶味蕾，讓大家重溫「好好吃一餐」的美好時代！

接下來的阿寬，除了私廚的工作，還有影像計畫，準備結合美食繼續開展。

開放自己的家，私廚這一行！

Point 1 > 傳統私廚與一般餐廳的不同在哪？

目前私廚名稱有點定義不明，太多餐廳也取名為某某私廚。然而對阿寬而言，私廚就是私宅廚房，還有以下特點：

1 **一次一組**：只有一張大餐桌，故一次只接待一組客人，不會有不同組客人在同一空間。
2 **無菜單料理**：客人僅需告知不敢吃什麼、不喜歡吃什麼即可。
3 地點通常是**主廚的家**或主廚之私人場所。
4 餐具擺盤、餐桌**佈置靠自己**。
5 主廚較能彰顯自我個性，**與客人互動較像朋友**，而非經營者對消費者。
6 除了美食外，客人獲得了更多**「個人」感受**。

前往私廚空間用餐的基本禮貌

有不少經營私廚者反映，客人難以區別私廚跟餐廳的不同，其實，前往私廚空間，有一些基本尊重是要注意的：

1. 按照預約時間**準時**抵達
2. 私宅裡是主廚精心擺設與收藏，勿擅自把玩碰觸
3. 除非主廚同意，勿擅自進出烹調區、廚房區
4. 等主廚忙到一段落再問問題或聊天
5. 除非不可抗拒因素，若需取消盡量提早兩天前，才不會浪費食材
6. 預約妥當，表示價格談定，勿事後胡亂殺價。

圖片提供 _ 阿寬

Point 2 > 如何讓你的私廚長久經營

私廚價位通常較一般餐廳高，早已刷掉中低價位客群。與其不停推廣、吸引新客人，不如讓可以接受中高價位的客人一試成主顧，

1 **個性**：主人個性會是吸引客人的關鍵，也許是聊天的方式、喜歡玩音樂、佈置餐廳的風格等。
2 **創意**：阿寬對於定期來的老客人，不會完全出同樣的菜色，五成是熟悉菜色、五成是新菜色，讓客人既親切又有新鮮感。
3 **聯結**：當客人把這裡視為生命中某段美好所在時（老友相聚、家庭日、求婚……），便是定期約定相聚的地點。
4 **可攻可守**：攻，轉型為餐飲業，當做經營餐飲業的踏板，瞭解其經營模式之後再進軍餐飲業，較能掌握經營模式。守，剛剛好的忙碌，有收入又有生活。

阿寬的私廚收費方式

寬廚 Kuan’s Pantry 的收費依照人數，精緻度及食材等級來區分：

- 四人以下每人 2,400 元或 2,800 元
- 四人以上每人 1,800 元或 2,200 元
- VIP 頂級餐每人 6,000 元
- 價格差異在於食材等級不同、超過兩瓶酒酌收開瓶費每瓶 300 元、每人提供一組紅白酒杯，加杯需收每杯 30 元清潔費。

圖片提供＿阿寬

阿寬私廚的設備及空間規畫

Point 1 > 好清潔、好實用設備

私廚規模介於餐館及住家之間，一般住家廚房設備難以滿足專業私廚，建議考量以下基本設備。

1 **不鏽鋼檯面：**
其特色就是不吃色、不卡髒，對於高頻率使用需求而言，是平價又耐操的流理檯面。

2 **八口瓦斯爐：**
跟阿寬預約的客人多為五到八人，如果單靠兩口要湊到同時上，有些菜色早已涼了。故選用八口可以增加烹調效益、也可以節省空間。

3 **大型烤箱：**此款為國產單盤烤箱（200 伏特 3.5 千瓦）。安裝專業烤箱務需搭配足夠電力、5.5mm^{2}專迴與插座、無熔絲開關（NFB）等，務必與水電師傅討論後再行選配安裝。（品牌為中部電機，型號 K5）

4 **抽風設備：**阿寬用的國產環保型靜電式除油煙機，利用靜電集塵原理、外加高壓形成兩個極性相反的電場，使油煙粒子荷正電化、並被荷負電集塵板吸引，進而被強力吸附在集塵板上，達到淨化空氣的目的，可以吃 110V 或 220V 均可。（品牌為冠信 Crown Letter）

5 **冰箱與儲物空間：**最好準備兩台家用冰箱、或者一台營業用冰箱，並規劃至少 1 平方米的儲物空間，用以存放乾糧或相關器具。

八口爐

靜電式除油煙機

Point 2 > 場地清理 VS. 電力安排

地板／排水規畫：

1 **可刷洗地板：**

盡量選用無填縫地板，較不會卡油污。油性 epoxy、或有添加防水粉的水泥地板（表面需在塗佈無機防水地坪塗料）。

2 **斜度與排水溝：**

地板務必做好洩水坡度與排水通道，避免地板積水導致滑倒。

電力／規劃專用迴路：

依照廚房電器加總，規劃廚房專迴。基本上，如果有大型烤箱的話，至少要一個 220V 專迴（20A）、一個 110V 專迴（20A）及一個廚房迴路（20A），搭配無熔絲開關、5.5 平方纜線及插座。詳細狀況務必跟有經驗的水電師傅討論。

廚房電路涉及房屋及人身安全，若有師傅以幫你省錢為出發點而說不必配專迴，請務必交叉比對詢問。切勿省小錢而犧牲安全！

廚房地板＋排水設計

◆在家CEO規畫關鍵

1
鄰窗做茶道空間
茶與景意境融合

2
創造舊客黏著度
教學與談心並進

3
帶逛台灣茶行程
吸引外國愛茶客

09

屋主年紀
▶50+

14坪小家＝茶道教室＋日常住居

有境有靜有景，打造習茶的理想窩

跟惠敏學茶，不必正襟危坐、輕鬆自在又可以學到不少茶知識，她從25坪換到14坪，家中備有習茶區，旁有小廚房、前有美麗山景，這裡是他的住居也是他的茶教室，惠敏覺得這樣的空間大小很適切，氣氛剛剛好。

與惠敏認識將近十年了，當時參加為期近兩週的自然環境設計課程，必須住宿，她正好是我的室友。她那陽光開朗的個性、豐富的人生歷練，讓我對她印象深刻。我們每隔一陣就聯絡一下，她後來在品茶這塊領域經營深耕、成為茶人。

她的學生來自各年齡層，有十九歲小男生、三十多歲的實習醫師、也有年紀比她大上一輪的家庭主婦。「只要你有喝茶，我們就可以交流。」不分年齡職業，只要學員願意，她都不吝分享，這是惠敏對教授茶知識的自我期許。

在家教茶最棒的就是，討論到什麼茶，隨時都可拿出來泡，想搭不同茶具也很方便。

HOUSE DATA

居住成員｜一人

形式｜大型社區電梯大樓

屋齡｜31 年

面積｜14 坪

格局｜臥室、衛浴、起居空間、開放式廚房

25坪換14坪，單身小坪數住居好輕鬆

說來也挺有趣，惠敏在跟我聊了她的搬家史後，發現自己約每十年搬一次。「二十七歲時我住在20坪的三房兩廳，三十八歲的我搬到28坪的兩房一廳。四十八歲的我，決定搬到14坪的一房一廳，可能會在此安住到老吧，我想。」她笑著說。

惠敏的家非常特別，本來是新店的度假飯店，房間都設計成度假套房的概念，租給旅客短暫度假休閒，但後來變更為電梯住宅社區大樓，原本的套房於是就成為單戶住宅。

我很喜歡他們的走廊，其空間可說非常奢侈，寬度少說有3公尺，窗外可看到大樓後方的森林，走廊通風十分良好、空氣清新，一打開自家大門就可以讓室內跟走廊對流。有些住家在走廊上擺了長椅，除了換鞋方便外、有時稍坐一下也可跟路過的鄰居打聲招呼！

提到小坪數的好處，惠敏說：「我以前很潔癖，只要客人一走就打掃全家，坪數太大覺得太累了。如今，搬到小一點的坪數，可減少整理清潔的時間。」她還要求自己睜眼閉眼，學會不要看到一點灰塵或毛髮就心神不寧，有必要時，局部掃除就好了。

PEOPLE DATA

趙惠敏

茶道年資 11 年，曾任罐子茶書館茶道講師、藝文表演活動策展人、私人會所茶道講師。藝廊、拍賣公司 VIP 茶會事茶人、台北書院四季茶會事茶人、寶茶堂特約茶藝授課老師。

FB | 趙惠敏

家裡就是茶道教室，安靜無干擾

在惠敏接手之前，前屋主是延續飯店原本的格局：一進門是小客廳、接著是浴室，再來才是臥房。重視自然採光的惠敏，決定直接顛覆原有格局，玄關旁即為和室臥房，浴室位置不變，接著就是開闊又有採光的客廳與廚房，整合為起居空間。

「從25坪搬到14坪的家，我必須把好多家具、櫃子跟物品送出，好在保養得當，消息一釋出、朋友們都搶著要，很快就清空了。」剩下會用到的家具，主要是幾張櫃子、桌椅、床等，「我畫了張平面簡圖，把要搬過去的家具量好尺寸，用同樣比例剪成色塊，在平面圖上移動調整，找到最好的配置方案。」

格局調整後，這空間變得前所未有的優雅。

座落朝向東北側眺望山河，偶爾可以看到雲霧漫遊於新店溪上方，沒有西曬高溫的困擾，陽光漫射到室內，充盈整個客餐區。

「以前在外面教學，場地有時是主辦單位提供、有時是學員自找，在外承租場地，最怕的就是噪音，馬路施工、隔壁包廂太嗨等……這些都會影響到品茶的心情。我這兒樓上目前沒住人、左右鄰居也都偏好安靜，學員來這裡多有遠離塵囂之感，心也更容易靜下來。」

惠敏說，「在家教茶最棒的就是，我們討論到什麼茶，隨時都可拿出來泡。我也可以依照不同茶種來選用茶壺及茶具。」

1 茶餐桌＋廚房區：

調整格局後，將廚房與茶桌安排在窗邊，窗外山景與茶的意境融合。

2 茶罐櫃：

在小桌旁靠牆處設一淺櫃，尺寸正好可擺放茶具茶罐。

廚房區

1

1

茶桌＋茶櫃區

2

2

學員最愛：茶生活、茶知識，用茶放鬆生活

曾經，朋友找我去參加某茶會，每區都置了長桌擺了茶席，茶席搭配佈景與打光，的確十分優雅好看。但當老師步上台前，原本有說有笑的大家趕緊收起了笑容、正襟危坐。老師表情嚴肅、也沒說什麼話，就逕自的泡起茶來。

對我而言，喝茶應該是生活的一部分，看到喝茶如此講究禮數，還真不習慣。

惠敏一對一品茶教學，相對輕鬆許多，學員小珍已經跟她學好幾年了，每個月都會專程從台北市區搭捷運來上課。「這是我每月的必備充電，來這邊不只是喝茶，這裡的環境、景觀還有人，對我而言都具有療癒充電的價值。」

小珍與惠敏之間的互動，不是師生的上對下、也沒有閨蜜間的黏稠友誼，她們是相互尊重關心、如老友般的交流。

那天我們喝了白茶、紅茶、龍井、普洱，試了陶壺、銀壺及鐵壺，同時我也學會如何姿態從容的兩指持杯、一指壓蓋倒出茶湯。

小珍與我們從品茶聊到產地、製法、旅行、家庭、人生，我聽著她們兩位分享著自己的經驗歷練，聞著杯底的茶香，感受到片刻的安心。無怪乎小珍會說這是她每月的充電，這不只是品茶而已，還品了空間、品了自身與友人的思考及話語。

習茶課程

玄關 + 茶席區

帶外國客人走「台灣茶行程」，也到國外授課

惠敏的學員遍及全球各地，這也是她始料未及的。她的台灣學員接受外國團體的委託，要體驗台灣文化，請惠敏規畫。幾次下來，惠敏做出了心得。她規畫的行程，能提供外國遊客可在短時間內體驗採茶、製茶及品茶。

惠敏在外國人中留下好口碑，有些獨立來台自由行、想接觸台灣茶的旅人，透過網路搜尋也找到了外國旅人參與惠敏課程的介紹……

1 習茶課程：
惠敏與習茶的學員一起試了各種茶，也試陶壺、銀壺及鐵壺。

2 玄關 + 茶席區：
從玄關看進去。左側即為臥室、衛浴、茶席區，視線盡頭是廚房及小餐廳區。玄關廊道則規畫了藏書櫃，上方以中式窗櫺做為裝飾。

幾年累積下來，不少喜愛茶文化的外國人，一來台就會跟惠敏預約上課或體驗。

除此之外，惠敏原本在台灣的學員，有些因職位部門改動的關係，被調到國外，但又想繼續上茶課，也會請她出國教茶。

由於這樣的邀約，不論時間成本或體力成本都會加倍高，所以學員會支付惠敏全程交通費（機票、車票、住宿等），也會帶她認識當地對茶有興趣的朋友，雖然舟車勞頓頗為辛苦，但能推廣台灣的茶文化，對惠敏也就十分值得了。

有次她受邀到荷蘭授課，主辦單位辦了盲飲測試、透過盲飲選出最好的水。他們準備了各地水源及濾水器近10種，用惠敏帶去的台灣茶來泡。現場觀眾除了可觀賞學習惠敏的茶道外，也可看品飲師判斷選擇出最棒的水源。

「我也在一旁盲飲練習，沒想到我選出來的最佳水、跟品飲師選出來的竟是一樣的！」可見惠敏對水質的敏感度不輸給專業品飲師。透過這樣的活動，讓台灣茶在荷蘭有推廣的機會、甚至吸引他們來台灣旅遊，可說是一舉兩得！

喝茶，是世界共通的語言，茶文化可以串起各國人的生活交流。

惠敏推薦的茶餐廳、茶民宿

1. 坐看雲起時人文空間：

位於高雄阿蓮鄉大崗山的餐廳。風景很好、複合式餐廳。有提供茶席器具及多種茶款、供客人自行泡喫。

2. 馥蘭朵烏來度假飯店：

位於烏來的溫泉飯店，餐食佳、房間視野可觀賞南勢溪畔。可帶自己的茶具在房間內與友人泡茶。

圖片提供 _ 趙惠敏 1

圖片提供 _ 趙惠敏 2

圖片提供 _ 趙惠敏

圖片提供 _ 趙惠敏

喝一杯茶，心事暫時擱下

我遇到的茶人主要有三種，一種是藝術家個性、一種是茶商型態、一種是教學型。

藝術家個性的茶人，對教學較沒耐心，頂多只跟志同道合的朋友們擺擺茶席。茶商型茶人，多以自家生產跟代理茶為主，所以學員喝到的茶款會集中在幾樣，適合偏好只喝特定茶類的人。而坊間教學型茶人，又因為較注重整體包裝、將喝茶引導成一件時尚、頂級的事。但我個人認為，喝茶應該要跟呼吸一樣自然。

惠敏正好兼具藝術感跟教學型，她不受限於茶種，只要好茶，她都推薦。

我問惠敏，是什麼原因，讓她的學員跟著她，一喝就是好幾年？

「無論心情好、心情不好，來這兒邊品茶邊清談，不能跟家人朋友聊的，趁喝茶的時候講一講……」惠敏停了一會，想了一下說：「或許無法馬上解決解決問題，但，其實很多事都無解，當你看著壺口滾動的著水氣飄渺、當你看著茶則上揉著一球一球、泛著光澤的茶葉、把它投入熱水中看著它靜靜的伸展……你會回到當下的片刻。」

她說，喝杯茶，打開五感、體驗當下，從原先的困境暫時跳脫，擱一下，再回去用不同角度審視問題。也許透過這樣一個轉折，心中產生了新的答案也說不定。

將茶文化與茶課程結合，惠敏看重的是茶與人與生活間的自然流動。

教學型茶人這一行

Point 1 > 教學型茶人的特質

惠敏認為教學型茶人，在身心靈方面都需保持在健康強壯的狀態，同時也要具備下列兩個特質。

1 **對茶有獨特理解：**

茶人要懂得挑適合個人體性的好茶。惠敏說可以從是非題及選擇題來看待。是非題是指，茶的生產過程必須對土地友善、對人體沒有負擔。選擇題則是，自己喜歡喝什麼茶都行，你很有可能冬天想喝紅茶、夏天想喝烏龍，那都是來自身體的訊息。

2 **要能與人互動：**

茶的偏好與評斷，有時是蠻主觀的。茶人要謙和，就算有人表述他對茶懂得更多、更專業，也許不甚認同，但也要能理解對方的論點、並提供成熟理性的對談。

惠敏茶道教學收費方式

- 1 對 1：兩小時 3,000 元／人
- 1 對 2、3 人：兩小時 2,000 元／人
- 1 對 4～6 人：兩小時 1,200 元／人
- 團體上課或系列課程：另計（可接待國外團體）

Point 2 ＞ 茶人惠敏的經營策略

惠敏的茶道學員非常固定，每隔一、兩個月就會預約喝茶，在我看來，學員們不只是喝茶，更像是找一位「無利害關係」的茶人或朋友，聊聊天、分享生活的點滴。

1 **創造舊茶友高黏著率**

由於茶道課程就惠敏一人經營，不以大量開發新客戶為目標，持續經營老茶友（老顧客），定期一會，老茶友再帶新茶友，以口碑創造微成長、高黏著效果。

2 **茶湯剖析＋茶時間，創造自我覺察**

茶課以茶為媒介，導引出辨識生活質地的能力，以及閒談、靜心、紓緩的場域和心境，閒聊中帶進茶湯特質與韻味解析。一堂課會泡三到四種茶湯，首泡由她示範，接下來由學員練習泡茶技巧，不要求姿勢正確，而是自然流暢。

3 **移動式品茶課，創造延伸服務**

愛喝茶的人、通常也喜歡美景、旅遊、話家常。是故常有茶友與惠敏相約在風景區、飯店等茶課程。也曾有北歐台商因思念凍頂烏龍茶的臺灣味，而支付機票及飯店費用，只為跟惠敏喝上一席茶。此類出差預約邀請，收費會以日數來算。同時為了安全起見，若在飯店等私密場所，僅接女性茶友委託。

◆ 在家CEO規畫關鍵

1
全室隔間拆除
爭取最大坪數

2
家的省錢裝修
流理台再利用

3
活動家具櫃體
滿足多元需求

10

屋主年紀

▶40+

一半臥室一半教室
專業攝影教室，就在 12 坪的家

彈性活用家空間，
實踐攝影與教學的熱情

在家中開設攝影課程之前，小黑除了是雜誌的專職攝影師外，也在大學兼課、並在網路媒體《報導者》攝影工作坊授課。打從一開始買下12坪的小宅，他就想好要在這邊規畫教學空間，之後，他用電視將空間分成客廳與臥室，買了一張大桌，攝影教室就開始了！

小黑的家位於林森北路，從捷運站到他家得先經過很有日式風情的紅燈區。房子小小12坪、扣掉浴室及倉庫衣物間只剩10坪，提到之前的屋況，他說：「前屋主把裝潢做好做滿，是摩鐵風格，牆壁貼有豹紋壁紙的那種。」

買房子的時候，他就想好要在這邊規劃教學空間，「我想買一張大桌，就是希望教學方便，即使六、七個人把筆電擺在一起也很舒適。」

空間調整：原先隔出兩個房間，廚房在兩間臥室中間，之後將隔局打開，廚房也移到側邊。

HOUSE DATA

居住成員｜1 人

形式｜電梯大樓

屋齡｜35 年

面積｜12 坪（扣掉更衣室及浴室僅剩 10 坪）

格局｜一室（客廳 + 廚房 + 臥室）、衛浴、儲藏室

圖片提供＿劉子正

買下房子之後，除了更衣室及浴室外，**小黑將所有隔間、天花板全拆**。主要是因為，屋內淨高僅2.8公尺，加上做了遮樑的舊天花板，房高只剩2.5公尺、視覺上很感壓迫；此外，兩房一廳的格局，客廳非常狹小，隔間拆掉後，保留全室開放，讓臥室與客廳之間僅用液晶螢幕區隔，廚房流理台，則移至側邊繼續使用，讓空間更為完整。

一開始就打算教學＋自宅共用

在家中開設攝影課程之前，小黑除了是雜誌的專職攝影師外，也在大學兼課、並在網路媒體《報導者》攝影工作坊授課。

根據我所認識的攝影師，他們個性通常木訥、不多話。

要從不需講話只需專注拍攝的攝影師，到必須把經驗化為口語、傳達給學員，也算是一種挑戰。小黑說他一開始也花了不少時間摸索，他設計教材，輔助自己表達，並持續依照學生反應來調整。慢慢的，他發現自己蠻喜歡教學的感覺。

房子裝修好之後，小黑也開始在家安排課程，上他課的大多是攝影同業，他們可以從小黑身上學到光線運作的原理、如何進階活用光線的質感等。

「最重要的是影像後製。攝影專才的影像後製裁定很重要，很多人以為只要拍的好就不必在乎後製，但我認為，相機越好、後製就越重要。我要教學員的，就是運用科學客觀的方法，而非主觀、因人而異的美學偏好。一旦抓到影像後製裁定的精髓，不論是印刷出版或網站呈現，都可以讓自己的作品突顯而出。」小黑說。

尤其看著學生從不會到會、從會到充滿熱情、並且透過攝影謀取到一份不錯的工作時。

小黑說，目前大學教學風氣，普遍偏向學理，造成許多學生畢業後，能力遠不及業界所要求，「我很注重教學因果。希望來上我

PEOPLE DATA

小黑 / 劉子正

目前為雜誌專職攝影，兼任大學及獨立網站攝影老師。

FB | 劉子正

粉專 | 攝影大叔們

攝影課程 | 目前 10 堂課（每堂 2.5 小時）

課的學生，可以把攝影當成一技之長，甚至靠這個謀職、達到業界標準。」他說，與其空泛的熱血，他寧可學生理性的學會攝影技能。

「我的學生除大學生外，也有社會人士。社會人士要額外花高額學費來上課，因此更有動力、也更能主動精進。」關於課程，小黑說他的教學項目主要包括燈光、街拍及數位影像後製。他很注重實做，學員需帶筆電來上課，街拍完再回來練習影像後製。

一張大桌、一台電視就是教室

小黑說，目前每週日是攝影教學日，就在客廳大桌上課、使用電漿電視當教學螢幕。因為空間有限、加上要顧全每個學員的進度，所以收六、七個學員就額滿了。他覺得：「在家教的好處是可以省租金，而且比較自在。」小黑的課程，因為對攝影品質的要求很高，甚至有日本人專程來學習。

即使科技再進步、手機像素再怎麼高，攝影終究是一門需要花時間瞭解的專業。

小黑家環境

1 小黑家周邊：小黑家的環境是越晚越熱鬧，雖然大樓屋齡偏高，但鄰居水準都不錯、公共走道沒看到囤積物或垃圾。

2 臥室與客廳（教室）：將隔間減少後，用穿透的電視櫃做客廳與臥室的區隔，睡眠區不放私人物件，而是攝影物件為主題。

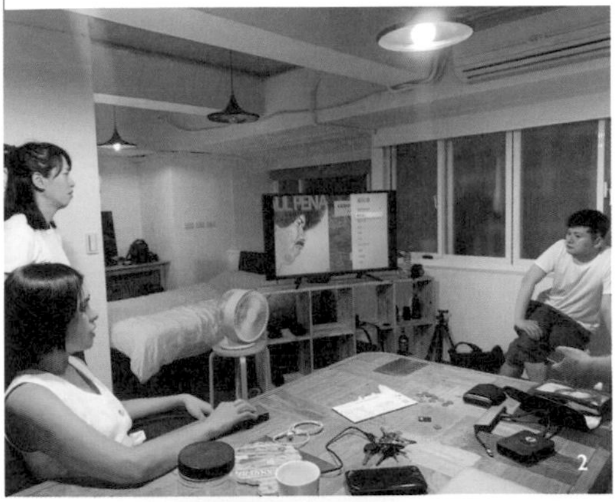

圖片提供 _ 劉子正

曾有人問小黑：「有沒有什麼公式，可以在5分鐘在任何環境光線下、也不用帶腳架去就可以把這個拍好？」會問這樣問題的人，在本質上並沒有認知到攝影是一門專業。

小黑強調，「你願意投資多少時間在影像上，它絕對就是同等價值的反應在你最後刊物版面上，完全沒有例外的。」「最重要的，是你有沒有心而已。」

目前四十四歲的小黑有正職在身，只能透過週日進行教學。未來若退休，他不排除規劃不同主題課程，讓攝影教學成為他後半輩子的職志。他說：「身為講師，我眼見幾位學員的作品，從一開始初始的狀態，慢慢在攝影本質學能及論述上著力，作品漸漸達到完整的樣貌，參與其中的我覺得非常有成就感。」

而這也就是小黑之願意在攝影教學上，投注心力的真正原因。

小黑的經營心法，影像教學這一行！

Point 1 > 提供不一樣的眼睛—引導反思觀看與觀點

除了影像後製，小黑持續探討「拍攝者的觀點」要怎麼調整，以便在網路社群中能持續有立足之地。

他提醒學員自省，打破「 拍攝者單向定義被攝者形象 」的關係，從自己熟悉的家、或者社群認同中，尋找自己想要拍攝的題目、想要說的故事。關鍵在於：「**攝影師不再是外人，本身就是社群中的一員。**」某個程度上，就是把影像的詮釋權，以某種方式反饋回自我群體中的成員，藉由攝影來為該群體發聲。

小黑在攝影教學課程中，會不斷的提醒學員，瞭解自己的立場、自省觀看的角度。日後不論遇到陌生或熟悉的、輕鬆或紊亂的場合，都能找到拍攝點，平靜拍出欲傳達的畫面。

Point 2 > 給專職進修人，創造即戰力

圖片提供 _ 劉子正

對小黑而言，攝影是一件很認真也很務實的事，平常就在大學與報導者教授拍照的他，不只要求自己，也希望學員上完課，就能有靠攝影吃飯的技能。光是這一個心念與實力，就是吸引客戶的一個關鍵。

1 **編採式攝影，鎖定專業工作型客群**

不同一般坊間的業餘攝影。小黑的攝影課為「編採式攝影 (editorial photography) 的工作坊」，是為了對「平面刊物供稿」而設立的工作坊。是針對專職攝影同業、想出國進修申請攝影系所、自媒體工作者的課程，學員還需自備腳架、單眼相機、閃光燈與觸發器，以及 PHOTOSHOP CC 三個月以上使用權，如此深入的專門課程極罕見，精準瞄準特定客群。

2 **6 人小班制，實際街拍演練**

最多收 6 人的小班教學，讓小黑可以顧到每個學員。除了光線原理及攝影論理外，街拍地景及環境肖像都是實際帶到街道拍攝，直街讓學員感受環境輪廓、光線，此外，也得練習跟被攝者交談。回到工作室後，學員再進行影片整繕，提供充分時間可以演練。

3 **課程結束當下，擁有即戰力！**

小黑認為，學生學習技能，就是要有靠此技能吃飯的打算。同樣的，上過他的課程的學員，能實際擁有編採攝影的技能，不論是接案或自媒體，都有充分的實戰能力。

◆在家 CEO 規畫關鍵

1
保持彈性自在，讓房客 feels like home

2
嚴守情緒界線
模糊空間界線

3
一起家事旅遊
培養家人氛圍

11

屋主年紀

▶40+

國際二房東，大坪數、高房數轉租！

與外國房客當室友，賺到房租價差也賺到友情

圖片提供＿碧碧

「不喜歡一個人住的碧碧，在師大華語教學中心附近找到一間五房老公寓，她自己住一間、其他四間出租給外國學生，來自世界各地的室友，分享異國風情與美食，閒暇時「全家人」一同出遊，透過外國人的眼光，也能讓碧碧重新看見台灣。」

現年四十二歲的碧碧，個性開朗、有著粗線條但又溫暖的大姊個性，她當「國際二房東」已經有近十年的經驗。拜訪她的那天，門口堆了些紙箱。

「不好意思，住了半年的法國室友剛搬走，法國物價高，來台灣她覺得什麼都好便宜，結果就越買越多。離開前很多東西沒辦法帶走，這些都要送人的。」只是，法國室友剛搬走，緊接著又有日本學生要預約看屋，碧碧又有新的家人了。

老公寓的坪數夠大，加上地點優勢，做個二房東分租給外國學生，又住又賺！

HOUSE DATA

成員｜固定 1 人兩狗

結構｜老公寓 3 樓

屋齡｜約 35 年

格局｜五房、二衛浴、客廳、廚房

從事社區工作，碧碧的工作時常處於高壓狀態，她發現與工作之外的人聊天互動有助於紓壓。「我發現我沒辦法一個人住……有室友，下班至少有人可以 talk 一下。」碧碧喜歡聊天、但又不希望是太緊密的家人關係，略微交集的室友對她而言是最理想的。於是，七年前開始有了找室友的想法，而且她想找的還是「外國室友」！

碧碧一直很喜歡旅行，曾買過環球機票到世界各地旅遊數月。後來工作越來越忙碌，放長假旅行成為遙不可及的夢想。「當時我自己住的是兩房一廳，直覺就想以找外國房客。一來我可以透過她們來神遊其他國家、二來也可以體驗各國生活文化。」

第一個法國室友很優質，她住了一年，成為碧碧的好友，至今仍保持聯絡。碧碧賺到房租價差也賺到友誼，這次的經驗，開啟了她的二房東之路。

當二房東，有賺又有伴

碧碧發現二房東可行，她開始物色更適合的公寓。她的客群鎖定師大華語中心的外國學生，因此地點最好在師大附近，「步行20分鐘內可到的距離，對台灣人或東南亞人而言可能太遠，但對歐美人而言還可接受。」碧碧俏皮的說，確認區域範圍後，她還必須算出找幾房才能有獲利。

「如果以師大這邊的行情來看，二房東最好要找到四房以上、租金三萬五千元以下的公寓，才能打平、甚至獲利。」

碧碧後來找到一間四雅房、一套房的老公寓，每間房間都有窗戶、可以採光，這是非常難得的。「因為我的狗要到陽台上廁所，所以我住唯一的套房，其他四間雅房就

可以出租給外國學生。」她說。

這一帶的雅房租金約九千到一萬二千元之間，當滿租時她可收到四萬六千元的租金，扣掉她付給房東的三萬三千元，尚有一萬三千元的收益。有了這多出來的錢，就可支付她的生活費，不但正職薪水可以存下一半以上，她還賺到朋友、賺到陪伴，對碧碧而言是相當不錯的投資報酬。

這樣的規畫，讓碧碧無形中走往Shared apartment的方向：除了自己的房間外，客餐廳、廚房、衛浴都是大家共同使用的。「客廳的咖啡機、麵包機，廚房的電鍋、烤箱等……冰箱裡面除非是特別標示的食物，不然只要是看得到的，都是可以共用的。我自己的東西都會收在房間裡。」

讓自己成為「同室家人」關係的核心

一般而言，即使房東與房客同住在一間公寓，房東並不會特別挑選「喜歡聊天」、「氣味相投」的房客，而是以「不打擾」、「相敬如賓」為原則。

碧碧的經營策略就截然不同了。她當二房東的初衷主要是找生活夥伴，營造出「家氣氛」是她的目的之一。

「我們客餐廳有許多零食，這都是室友們買的或自己做，特別與大家分享的。有時加班較晚回來，看到餐桌上有新做好的麥片餅乾、甚至還有貼心泡好的熱可可，那種有人知道你晚回來的感覺，會讓人心暖暖的。」靠房間牆一側是日用品專用櫃，碧碧會定期檢查、補貨。

空間環境的清潔理論上是大家分工做，不過主要還是由碧碧維持。「住的比較久的人，對這裡比較有認同感、加上我房租也會算便宜，他們多少會幫忙。廚房則是使用完畢立刻把碗盤清洗歸位，不能放在洗碗槽給別人洗。」

若剛好大家都有空，偶爾也會安排一同出遊。「我們曾一起去白沙灣、石門、淡水……我定期規劃行程，邀請她們一起參加。透過她們的觀點與拍照，我可以看到不同的台灣，十分有趣呢！」

碧碧的公寓，老實說環境一般，不論房間或客餐廳廚房，並沒有多新穎多高級、甚至還有點老舊。當初翻修時，房東也只是把暗色系的地板換成淺色平價的超耐磨地板。她能夠持續吸引外國學生慕名來住，讓房間幾乎都處在滿租的狀態，我想，應該是她主打的「家氣氛」在留學生社群裡已有口碑吧！

問她將來，若離職或退休，是否會考慮拓展當國際二房東事業版圖？

「這我有想過，機率應該蠻高的，我本來想把樓上也承租下來，但屋主沒有意願。」碧碧說，

「以後若有機會物色到條件不錯的、我工作上也較有空檔，也許我會認真經營這部份。既有收入、又可以持續認識新朋友、增加新的室友，是一件有趣而幸福的事情呢！」

圖片提供＿碧碧

共享空間：雖然是老舊公寓，但透過口碑經營，一樣可以滿租。

做個二房東，
又住又賺這樣做！

Point 1 > 吸引外國房客來住，要具備哪些誘因？

外國房客（歐美日韓、中東）來台不外乎文化體驗、語言學習及商務需求等。相較於本國租客，他們通常看屋後覺得可以就入住，付款乾脆不囉嗦，加上通常只待半年到一年，房東較不用擔心遲繳房租。要吸引外國人承租，需要具備哪些誘因呢？

1 **具文化主題並提供教學與體驗**

屋主或房東具備文化主題專長，從外國人角度覺得有「異國風味」的下手，像他們會為了到日本上忍者課程而請長假，在台灣，木職人的榫接技法，一種卡榫學 1 ～ 3 天，20 種榫接就要三個月。南投的茶人，從採茶、炒菁、烘焙到如何品茶，搭配採茶季、農舍提供老外住宿。此外，如下棋、盆景藝術、國畫、書法、氣功、太極 ...... 只要好好規劃課程，搭配簡單英文說明放到網路上，就有機會吸引飄洋過海的學徒。（注意：外國人持觀光簽證在台灣最長可待 3 個月）

2 **規劃代辦長住者的在地研修旅行**

上述的主題教學、也可以延伸到在地研修旅行，例如鹿谷茶人體驗教學，結合在地茶廠參觀體驗。許多歐美遊客專程到日本參與神社慶典，這股風氣也延燒到台灣，諸如鹽水蜂炮、東港迎王平安祭典、媽祖遶境等，許多老外都期待參與遊行、甚至幫忙抬轎，對他們而言都是不可多得的寶貴經驗。這樣的活動需事前演練、瞭解文化的前因後果、在地特色。房東提供住宿並規劃兩週到一個月的研修旅行，代辦廟會活動及住宿申請等，越是能規劃一整套，越能吸引外國遊客入住。

3 **願意講、敢講外文 + 比手畫腳**

碧碧的外國房客多是來台學中文，會一些基本的中文單字，也很樂意找碧碧練習。儘管如此，還是有卡住的時候。這時碧碧會用簡單英文與之溝通、再不行就比手畫腳、用翻譯軟體等，溝通一樣可以進行。

4 **租屋物件在華語教學、中醫系所附近**

就如同碧碧的條件一樣，專收學華語的外國學生。全國各地只要有教育大學、師範大學，通常就有華語教學中心。台北師大較多歐美學生、高雄師大似乎中東學生佔比頗高，房東可將房間規劃成吻合穆斯林教徒起居，更可增加入住率。另外有些醫學院若有中醫或中藥系所，也會吸引不少歐美學生就讀（例如台中的中國醫藥大學就有接外籍學生）。

Point 2 > 二房東的風險管理

碧碧的國外房客徵求 vs. 租金

因為是老公寓分租，房間都是雅房，因此租金會依隔局和空間大小而有所不同。

徵求房客：
FB「Looking for Roommates or Apartments in Taipei and Taiwan」

收費方式：
雅房每月 1 萬到 1.2 萬，隔年續租會打折扣，承租者需先繳 2 個月押金。

1 **篩選過濾：**碧碧只接女性房客，並多以學生或工作穩定者為主。
2 **房客異動：**若房客友人需暫住一晚，需提前告知碧碧、並經全體房客同意才行。
3 **條款簽訂：**為分攤風險，最好與房東簽訂「二房東條款」保障雙方，詳洽內政部「住宅包租契約應約定及不得約定事項」及「住宅轉租定型化契約應記載及不得記載事項」。
4 **用電須知：**歐美用電多為 220V，若租客自攜電器，務必使用變壓器以免發生意外。

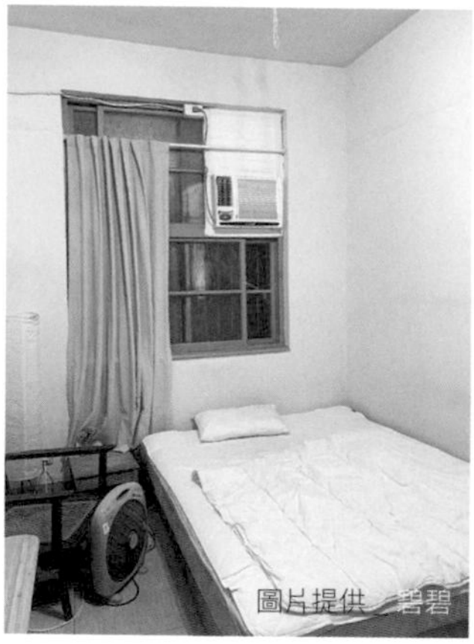
圖片提供＿碧碧

圖片提供＿碧碧

Point 3 > 營造「家氣氛」，怎麼做？

一般房東與房客的關係，多是維持相敬如賓，只有繳費、搬離或設備出問題才會聯繫。碧碧一開始就打算把房客視為室友、而非單純收租的對象，她處理的方式如下：

1 **要有明確的「情緒界線」**

房東不能被房客情緒及表情影響，有時房客臉臭只是她們的個性習慣，並無挑釁之意。若偶有房客真的情緒低落，除非她主動找人聊，不然傾向不過問、讓室友自行消化怒氣。

2 **要有含糊的「空間界線」**

相較於情緒要有明確界線，空間界線反而要模糊。就像一般家庭一樣，除了房間外，其他空間都是大家共用。碧碧不希望她今天待在客廳、其他房客就躲回房間，或者有人使用餐桌，其他人就不敢用。「我有時發懶躺在沙發打盹、別的室友會坐在另外一張沙發上滑手機或看電視。我們有一搭沒一搭的聊、即使不聊天也不尷尬。」

3 **營造沒有稜角、自在開放的氣氛**

房東要對房客要有包容與同理，「讓任何個性的人都覺得在家很 easy」。通過面試篩選的房客，碧碧就會以全然開放的態度接受她們，不論內向或熱情、人來瘋或習慣與人疏離，她們在碧碧面前都很自在。碧碧在待人處世上很隨和、不主動但也不被動、不干涉但也不防禦。

MORE TO SEE

共享辦公室
自身專業再延伸！

聊天大叔，人生與職場的微顧問

把自己租出去！用專業導引迷途者的明燈

遇到人生的大小困境，我們想找人聊，但難以對親友啟齒、又覺得事情沒有嚴重到要找心理諮詢，該如何是好？也許「聊天大叔」是一種解法。此新興產業目前在台灣還相當稀缺，如果你很有料、擅於且喜歡聊天、又擁有他人對你的信任值，聊天大叔／大姊也許適合你！

12

一人 ceo

▶50+

SPACE DATA

人數｜一人
空間｜電梯大樓
型態｜共同辦公室
坪數｜5 坪

我是從 YouTube 看到《老查 old school》頻道知道老查的，他透過影片分享紳士穿搭、老派收藏及職場生存等概念，對我而言他洋溢著英式仕紳的穩重氣質。後來從影片中發現他是台灣首位「聊天大叔」，甚感好奇，決定搭配新書議題進行邀訪。

打開老查相談室的透明玻璃門，看到滿滿的漫威、DC及星際大戰系列模型，鋼鐵人就有20個、蝙蝠俠等眾多英雄公仔，同一角色有著大小不同尺寸與神態的模型，「可能跟我成長時期有關，小時比較窮困、無法擁有想要的玩具。工作之後有收入了，就大量收藏，彌補兒時的遺憾。」老查自我調侃說。

看著室內陳設的確讓我有點鬆口氣，跟我預設的充滿鋼筆、藝術品及紳士裝的脫俗佈置不太一樣，而是營造了一份親切的city味。後來聊開了，證實了他既可是成熟的紳士、也可以是有趣的大男孩，也許這正是能成為聊天大叔的特質之一吧。

從自身特質與日劇，引發創業點子！

老查有豐富職場經驗，曾擔任過雅虎、壹電視、遠傳等知名企業之管理階層，主要都是負責數位、電子商務及社群的部份。從無名小站到臉書與IG，他對電子商務、社群經營有十九年的實戰經驗。

去年他決定離職，告別上班族的生活，沒想到反而更忙，離職後短短兩個月就密集赴了80個約！也就是說，平均一天赴一點三個約。有的是舊識、有的是初次見面，討論著各式各樣的話題……就在這段期間，他想到在日劇《寬鬆世代，又如何？》中看到聊天大叔與客戶聊天的橋段，「聊天大叔運用過去在職場的經驗，幫客戶剖析他目前面臨的難題與機會。客戶也可透過聊天過程，抒發內心的壓力與徬徨。」於是興起了成為聊天大叔的念頭。

要聊天紓壓，找朋友就好，為何要找聊天大叔呢？

老查很快的回答我：「有些問題難以對親友啟齒、或者已經無法溝通。講給不同圈子的朋友，可能對方又無法理解你的難處。」他沉思了一下補充：「我想聊天大叔的價值在於：兼具客觀性、多元角度以及與時俱進了解社會趨勢、彌補了原本生活裡父兄、前輩應該扮演卻未扮演的部份。」

PEOPLE DATA

老查／李全興

在電子商務領域經歷了萌芽與茁壯期，具備電子商務 B2C 與 C2C 實戰歷練。之後轉朝網路社群經營領域發展，因為從事跟社群經營有關的工作，所以也常常有陌生的「朋友」約見面希望跟討論一下工作或生活，希望可以提供建議，因此有了「出租大叔」這樣的概念。

FB｜老查 old school

1 共同辦公室：
一整層的共同工作空間（co-working space），裡面區分為開放型公空間及隔成一間一間的私辦。老查的工作室是其中一間。

2 聊天大叔相談室：
老查商談室一景。約 5 坪大的空間，商談聊天剛剛好。裡頭收藏了同一角色多種風格的模型，以及最新一批與管理、行銷及中老年相關的書籍。

共同辦公室

也就是說，透過聊天大叔的角色，提供委託者在原本的人際關係中本該存在，但缺席的互動角色。

聊天大叔的價值，職場工作的微顧問！

他舉了兩個例子：有位小女生找老查聊她與父親對工作看法的代溝。「說也奇怪，她說我講的跟她爸講得差不多，但卻可以聽得進去我說的、而抗拒她爸的叨唸。」另外是一位年輕創業者，創業兩年一直找不到明確方向及市場切入點，透過與資深網路前輩老查「旁觀者清」的諮商，才看到經營上的問題。

我本以為，聊天大叔提供的是介於「心理諮商」及「朋友」之間的功能，但老查在傾聽同理之餘，提供數種可達成的解法，這對於講究「碰面聊天要具有解決問題」的我而言，CP值是非常高的！

老查的聊天大叔創造出需求，現在預約諮詢的人數穩定成長，吸引不少四、五十歲同齡朋友想「靠行」或「加盟」。

但他提到聊天大叔需要具備豐富的職場經驗，如果能夠搭上時代演進更佳，如此才能從不同角度來思考職場文化與行為語言。

「如果原本工作屬性太過單純、而且經歷過的職場只有一、兩個，恐怕難以提供職場上不同角度的經驗。」尤其在這個新創公司平均壽命二~三年的年代，就算你有如何待在一家公司三十年的 know how，恐怕想知道的人也不多。」他這麼說。

聊天大叔相談室

多元主題與需求，「聊天大姐」的可能性？

我問老查，預約諮商聊天的是否多以男性居多？「不要被日劇誤導了！」老查笑說，「我的客戶男女比例是一比二。也許是教育的關係，女生遇到疑惑不會排斥與人討論或求援，找聊天大叔再理所當然不過。男性還是會有面子問題，不喜歡把弱點攤開來在同性面前討論。」

離職後的老查，工作組合為共有顧問、授課、聊天出租、寫部落格文章（vocus.cc）及Youtuber等，這五種工作可以相輔相成、相互支援，而且都可以做到老。「只要累積的案量夠多夠久，就能得到他人的認同，進而獲取信任。」

經營聊天大叔的這一年來，老查自身也有一些回饋及體悟。「我發現有些客戶很有即知即行的潛力。我們討論出解法，有些人可能會沈澱一段時間再執行、或者就擱著。但每當我看到有人以超效率的方式把我們討論的方案執行出來，我覺得很感動、也帶著些許的成就感。」

將來會不會有「聊天大姊」、「聊天阿姨」呢？關於這個問題，老查分析：「我覺得女性可能比男性還適合。因為年輕男性也許更願意跟大姊、阿姨聊，而非跟大叔。而年輕女性，不論大叔或大姊，好像都可以接受。所以女性市場應該是有的、說不定更大。」

STAR WARS
CAESAR
STATUES SERIES
STAR WARS
dyson

聊天大叔這一行

Point 1 > 聊天大叔需具備的特質與條件

相較於顧問，聊天大叔更具有彈性。不侷限於特定主題、可單次諮詢。聊天地點，老查建議要找安靜、有區隔的獨立空間，而非一般咖啡廳。咖啡廳或茶室不可控因素太多，可能旁人講話太大聲、或者客戶不希望自己的隱私被聽見等……所以老查才選擇租用一間 co-working 辦公室，這樣他跟客戶就不必每次都得適應新空間。

大叔的特質：

1 **同理心：**即使看來是小事，但也要願意傾聽、同理對方的難處。

2 **轉化成具體建議：**理解難處並整理條列後，轉化成具體建議、提供解法。

3 **啟動、啟發執行力：**提供願景與誘因，啟動客戶的執行慾望、達成目標。

大叔的條件：

1 **實務經驗：**需要有相關的職場及工作實務經驗，最好同時待過基層、中階及高階，更能從多種角度看職場。

2 **專業背景：**大叔本身需要有相關資訊讓客戶認識、瞭解，長時間累積下來的品牌形象是強化信任的關鍵。

聊天大叔收費方式

採分級收費方式，分為一般聊天，討論職場、家庭、工作等。諮詢討論則是針對特定議題或專案、明確議題的專業諮詢。特殊需求有點像是量身訂做，類顧問或課程的安排。

❖ **談話聊天：**一小時收費 390 元。不做特別準備的情況下陪委託人純談話。

❖ **諮詢討論：**一小時收費 1,490 元。需要諮詢意見或討論發想（案主可預先提供主題與資訊讓老查準備）。

❖ **特殊需求：**專案價。授課、顧問、其他合法及符合道德的各種活動。

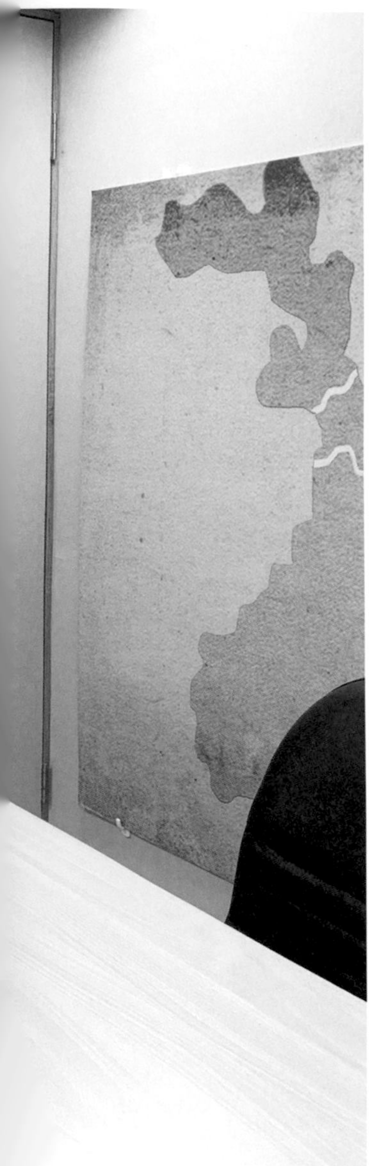

中年知識型 YouTuber，讓「全新觀點」成為商品！

數位中年大叔、知識界網路創作人

說到成為 YouTuber，我們常以為那是小朋友或年輕人才辦得到的事。畢竟，我們沒辦法像十、二十歲年輕人那樣搞笑、那麼有娛樂性或打團體戰，但 Miula 打破了這個既定印象，他證明了，只要使用 YouTube 的語言，青年、中年也可以將自己的知識跟社會歷練有效分享，並且逐漸累積出可觀的觀看數，成為數位知識界的中年大叔、知識型網路創作人！

13

一人 ceo
▶40+

有陣子我深感自己沒有財務概念，透過搜尋發現〈M觀點〉，主持人 Miula 以深入淺出的方式講述國際關係及經濟商業觀點很吸引我，後來也參加了 Miula 舉辦的導讀會課程，不論從 YouTube 或課程，都有滿滿的收穫。

從遊戲產業，投入網路相關的創業的 Miula，正式發展為知識型 YouTuber 是在二〇一八年初，並以此為媒介，傳遞對市場、經濟與職場多年累積的經驗與知識。他的影片從ＥＴＦ、中美貿易、比特幣等國際財經趨勢主題，到青年低薪、中年就業、貧富差距等國內社會趨勢的探討，非常廣泛，但多鎖定在財經、行銷及職場狀況的探討，可說相當吻合青中年人的需求。

他分析自己：「自媒體的經營媒介有許多類型，喜歡透過撰寫文章的人，偏好透過臉書、部落格或出版書籍來傳達。喜歡拍照或影片的人，通常偏好使用IG或推特。而我認為我的表達方式頗適合 YouTube。」

知識型 YouTuber，做大家的資訊消化者

透過採訪 Miula，我發現知識型網路創作人的前置作業相較於其他搞笑型、生活型的經營者，要花更多時間，他必須蒐集許多資訊消化成自己的觀點，將「資訊」轉為「知識」，並以淺顯易懂的方式講出來。

譬如 Miula 拍主題影片〈為什麼大家都不買新手機了〉、〈這兩年全球手機銷售量開始下滑的原因是什麼〉就需做許多準備，例如，一、至有公信力的調查機構 Gartner 調到全球手機銷量預測。二、整理手機跟個人電腦（ＰＣ）銷量急遽成長

跟下滑的共通性。三、分析手機價格及消費習慣之間的關係……此外，還分析了對未來5G市場的看法。

不過，YouTube的特性是**人人的起跑點都在同一條線**，除非砸錢宣傳，否則初期能見度相對偏低，只能從親友轉發慢慢累積訂閱量。

「它門檻低，人人都可以錄製上傳發片。相對競爭就相當大！一定要有心理準備，不可能首度發片就人人皆知，你花了兩個工作天以上製作的影片，可能一開始只有25個人按讚，你可以接受嗎？」Miula問。

「不接受也得接受，這就是網路競爭。反應不好就調整方向，而不是在原地躊躇不前。觀看率短短幾天就破五萬，也不高興太早，如果沒有持續發片就可能被淘汰。」他提醒。

想讓頻道真的開始有識別率跟能見度，至少要錄製20~30部影片後才能稍見曙光，但Miula強調，在網路上，不是努力就有收穫，最重要還是得抓對市場需求。

我以為，只要用心做、內容充實有料，自然就會人氣暴增，但並沒有。Miula講了件很重要的事：「沒有人想來YouTube『上課』。」

「有時，我們自認為很有趨勢性的議題、花了很多功夫準備，但大家卻不太買單，這時，就得調整方向，在提供知識的同時，還要有娛樂感、不要看起來有負擔。」Miula補充：「像Discovery或國家地理頻道的節目，雖然它們也在傳達知識，卻不流於複雜，讓人輕鬆學習。」

PEOPLE DATA

Miula

以提供數位經濟趨勢與商業觀點為使命的YouTuber。曾任宏碁戲谷及遊戲橘子的產品經理，也擔任過和信超媒體戲谷執行長，對職場與網路產業十分熟稔。在離開遊戲產業後，Miula決定投入網路相關的創業，目前為M觀點創辦人，專注於經濟、社會、網路創業、行銷、商管、以及職場議題的媒體平台經營。

YouTube | M觀點

FB | Miula的M觀點

網站 | miula.tw

資料的整理與影片拍攝需要大量時間，YouTuber的前置工作其實很繁瑣。

M 觀點旗下的
說書型 YouTuber

英雄說書阿睿

將歷史英雄帶入現代情境與情緒，取得共鳴！

在關注 Miula 的同時，我無意間看到另外一位說書型 YouTuber：「英雄說書」頻道的阿睿。原本對古代英雄陌生、對歷史也興趣缺缺的我，竟有辦法一口氣看完三部影片。我想是因為他抓到了人們喜歡聽故事，於是結合現代生活及職場，搭配說書的方式、把歷史事件講得栩栩如生。

阿睿原本在雜誌社、日報等傳統媒體工作，於二〇〇八年轉職到 Miula 旗下的數位媒體網站。阿睿負責經營的是歷史討論版，當時他做的有聲有色，達到了歷史界的巴哈姆特、Mobile01 等領頭羊的境界。

然而，自從臉書持續擴張後，流量持續退潮到低谷，「流量到底去哪了？」遇到訂閱戶持續流失的瓶頸，與 Miula 討論後，決定成立《英雄說書》頻道，把過去討論版討論過的精采主題，以口語描述的方式呈現出來。

以下為阿睿經營《英雄說書》頻道的三大心得重點：

PEOPLE DATA

現代說書人阿睿

喜歡三國演義、熱愛歷史故事，在頻道中分享他以個人觀點及他所理解、想像的古今中外各個英雄。

YouTube｜英雄說書

英雄故事網站｜herostory.tw

一、沒有一夕爆紅的 YouTuber

所有網路創作者都是從零個訂閱率開始累積的。阿睿也是歷經長達五個月訂閱率「平穩的低」的過程，這期間他不斷調整，只要反應變好，他就知道可以加入某個元素、或者某種切點。

二、遇到網路酸民，抱持平常心

跟所有 YouTuber 一樣、多少會遇到酸民。「如果是批評影片內容也罷，至少可以讓我更精進。」但如果是遇到言語的人身攻擊，阿睿與 Miula 的共識是「抱持平常心」。酸民能夠做的也就是這樣，身為 YouTuber 還有更重要的事情要做，不必浪費情緒在酸民上、也不用害怕。

三、做出「全壘打」影片，觸擊預設客群的最多人次

一般而言頻道訂閱戶都是「等差級數」成長，要突破門檻難度很高。如果能製作一部「全壘打」影片，就能讓訂閱數以「等比級數」成長。阿睿認為全壘打影片的特質是，它的話題能夠觸擊你預設客群的最廣邊界、並且讓人看完會想分享。像是〈我的字典裡沒有放棄！姜維最後的復仇曲〉這部片，在阿睿眼神發亮及充滿張力的說書下，讓點閱率衝到18萬次，成為全壘打影片之一。

Point 1 > 知識型 YouTuber 內容製作與經營

身為 YouTuber，在內容的類型經營上，Miula 規畫的方式分為三種，做出不同屬性的分割，也滿足訂戶多元需求。

1 **主題：**針對有價值、自己也有完整論述的觀點，做一集約 6 ～ 12 分鐘的主題影片。每週發佈一到兩支，會配字幕。
2 **直播：**針對時事來討論。通常直播約在 1 個小時內，討論 5 個子題。其中兩個跟國內政經社會新聞相關、另外三個討論國內外產業市場及經濟趨勢。直播時同步開放網友聊天室。
3 **來賓邀訪（feat）：**像 Miula 希望能讓訂戶聽到不同觀點，定期會邀請不同領域的來賓到現場分享專業，激盪不同火花。對談約在 30 分鐘左右，也會搭配字幕。

身為一個 YouTuber，影片製作所花費的時間其實很可觀，一般來說，6 ～ 8 分鐘左右知識型影片，究竟要花多少時間準備？ Miula 說一部影片花上 12 ～ 14 小時的工作時數是正常的，這佔掉了將近整整兩天的上班日，以下是他提供自己的製作時程和大家分享：

1 **資料蒐集研究：**4 ～ 6 小時
2 **寫腳本：**2 ～ 3 小時 (與同事討論後才開拍)
3 **錄製時間：**10 分鐘以內影片，約 1 小時。
4 **後製整理：**2 ～ 3 小時 (含編輯、配圖、配字幕)
5 **回覆留言：**1 ～ 2 小時

如何成為成功的 YouTuber

Miula 推薦《我是 GaryVee：網路大神的極致社群操作聖經》這本書，裡面介紹了成為 YTB 的八大方法：意圖、真實性、熱情、耐心、行動、拼命、趨勢及內容，有興趣的朋友可以參考。

Point 2 > YouTube 收益分潤這樣算！觀看次數 + 廣告分潤

要成為擁有 YouTube 廣告分潤資格的 YouTuber，目前得先具備兩個條件：1. 訂閱數在千人以上。2. 過去一年中，累積 4000 小時的觀看時間。

所以一開始通常是要持續而穩定經營，才能夠將相關資料給 YouTube 進行審核。一旦通過審核才正式計費，一般來說，YouTube 的付費項目主要包括觀看次數及廣告分潤。

⊙ 觀看次數

雖說，網路上流傳每 1 觀看次數約等於 0.6 元美金，也就是說 100 萬觀看次可賺 3 萬台幣、50 萬觀看次為 1.5 萬台幣。但網路創作人維特已駁斥這樣的說法，他在自己的影片〈淺談 YouTuber 五十萬點閱率到底能賺多少錢？〉中秀出自己 50 萬次的點閱率，在不含廣告效益的狀況下，純靠觀看次費用為 309 美元，折合台幣約 9 千多。另外，也要參考觀眾來自哪個國家，物價高的國家，觀看價格較高。

⊙ 廣告分潤

如果你的影片超過 10 分鐘，便可安插兩支廣告，一支在片頭、一支在片中。如果你的影片沒有超過 10 分鐘，則廣告安插只能有一支。一部影片，Google 拿走 45% 的廣告收入，而網路創作人獲得 55% 的份額。目前在美國，穿插在影片的廣告，只要有 1000 次瀏覽，廣告商平均支付 7.6 美元、而網路創作者則獲得 7.6 美元 x55% 的收入，約為台幣 131 元。但這是美國的行情，同樣 1000 次廣告瀏覽，台灣還需要另外換算，但 YouTube 並沒有提供確切比例，台灣有些 YTB 直接除以物價比 2.5 來預估。

⊙〈M 觀點〉專案收益：

針對商業菁英訂閱戶提供 pressplay 專案服務，想對財經職場方面有更深入認識者，每月支付 599 元～ 999 元可得到專業分析、也能加入菁英社團與志同道合者互動。

在家 CEO！
賺進後半輩子從家開始

30、40、50 世代，找出陪自己到老的工作與收入

作者　林黛羚

攝影　王正毅

美術設計　羅心梅

協力編輯　蔡曉玲

責任編輯　詹雅蘭

行銷企劃　郭其彬、王綬晨、邱紹溢、陳詩婷

總編輯　葛雅茜

發行人　蘇拾平

出版　原點出版 Uni-Books

Email　uni-books@andbooks.com.tw
電話：（02）2718-2001　傳真：（02）2718-1258

發行　大雁文化事業股份有限公司
台北市松山區復興北路 333 號 11 樓之 4
www.andbooks.com.tw
24 小時傳真服務（02）2718-1258
讀者服務信箱 Email: andbooks@andbooks.com.tw
劃撥帳號：19983379
戶名：大雁文化事業股份有限公司

ISBN　978-957-9072-60-1

一版二刷　2020 年 7 月

定價　450 元

國家圖書館出版品預行編目 (CIP) 資料

在家 CEO！賺進後半輩子從家開始：30、40、50 世代，找出陪自己到老的工作與收入 / 林黛羚著 . -- 一版 . -- 臺北市：原點出版：大雁文化 , 2019.12
272 面 ; 17x23 公分
ISBN 978-957-9072-60-1(平裝)

1. 室內設計 2. 老年 3. 生涯規劃
422.5　108020536

本書能夠成形，要特別感謝

聿和空間整合設計—尤噠唯建築師，如同神之手的支持，慷慨提供了大量居家空間圖片，讓這本書質感加乘，也讓我們對於家的美好有更多想像。

謝謝阿隆，每當我工作需要做決策時，你總是我第一線的商討夥伴。給予我極大的自由，但又會適時的督促我，讓我既可獨立又可依賴。未來還需要你的陪伴與加油喔！